U0379152

雷达数据处理丛书

复杂场景多目标跟踪理论与方法

虎小龙 宋宝军 陈楠祺 编著

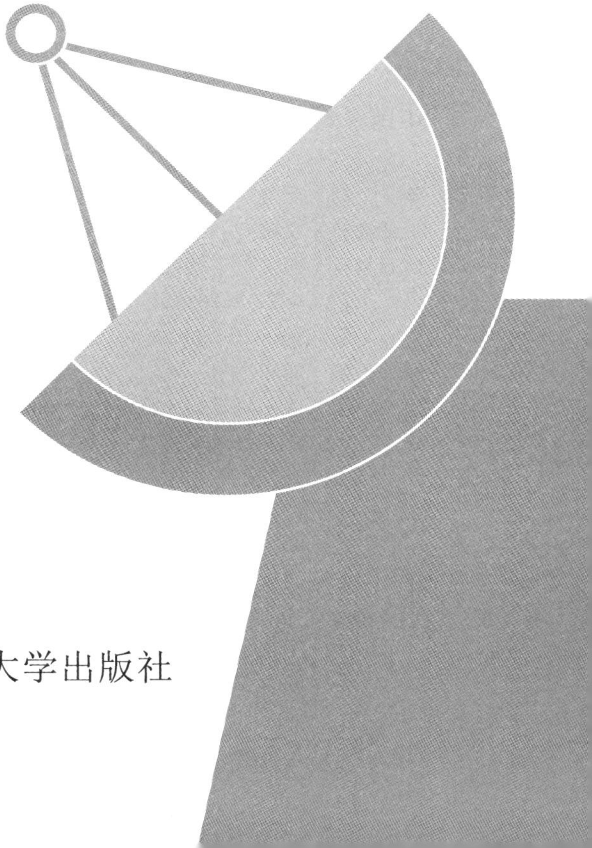

西安电子科技大学出版社

内 容 简 介

本书在随机有限集理论框架下，重点介绍了场景未知时变时的贝叶斯滤波跟踪参量建模及算法优化，针对复杂跟踪环境引起的错跟、失跟、目标状态及数目估计不准等问题，对假设条件过于理想的目标新生、目标运动、杂波率、传感器检测概率和噪声等参量模型进行了重构，推导了一系列在复杂场景下适用性更强的多目标跟踪方法，为推动多目标技术的发展以及拓展其在实际工程领域中的应用提供了相应支撑。

本书内容是作者近年来参与各类课题研究成果的总结，涵盖了雷达多目标跟踪领域的部分前沿进展及作者取得的创新成果，可作为相关专业教师、科研工作者和工程技术人员的参考用书。

图书在版编目(CIP)数据

复杂场景多目标跟踪理论与方法/虎小龙，宋宝军，陈楠祺编著. --西安：西安电子科技大学出版社，2024.1
ISBN 978 - 7 - 5606 - 7061 - 4

Ⅰ. ①复…　Ⅱ. ①虎…　②宋…　③陈…　Ⅲ. ①多目标跟踪　Ⅳ. ①TN953

中国国家版本馆 CIP 数据核字(2023)第 200247 号

策　　划　薛英英
责任编辑　宁晓蓉
出版发行　西安电子科技大学出版社(西安市太白南路 2 号)
电　　话　(029)88202421　88201467　　邮　　编　710071
网　　址　www.xduph.com　　电子邮箱　xdupfxb001@163.com
经　　销　新华书店
印刷单位　咸阳华盛印务有限责任公司
版　　次　2024 年 1 月第 1 版　2024 年 1 月第 1 次印刷
开　　本　787 毫米×960 毫米　1/16　印张　10
字　　数　175 千字
定　　价　30.00 元
ISBN 978 - 7 - 5606 - 7061 - 4/TN
XDUP 7363001 - 1

＊＊＊如有印装问题可调换＊＊＊

前 言

随着雷达、声呐、红外、光电等传感器技术以及计算机硬件技术的飞速发展，多目标跟踪(Multiple Target Tracking，MTT)在空中交通管制、监视、导弹防御、自动驾驶、计算机视觉、生物医学、海洋学等领域的应用日益广泛。在未知且动态的复杂场景下，如何维持算法的有效性是多目标跟踪领域中的重点和难点。传统的贝叶斯多目标跟踪滤波算法主要基于数据关联的思想，即对目标和量测进行假设关联。当目标数目和量测数目较多时，数据关联复杂度急剧增加，会严重影响算法的适用性。随着随机有限集(Random Finite Set，RFS)理论的引入，传统滤波算法中的数据关联难题得到了有效解决，使得学者们可以运用多目标跟踪方法对未知变化场景下的跟踪问题进行更为深入的研究。

本书在贝叶斯滤波框架下，针对基于RFS理论的跟踪算法，分别介绍了未知新生环境、未知机动场景、未知杂波环境、未知检测概率环境及存在噪声野值情况下的参量建模研究。自适应新生模型在当前时刻测量信息建模目标可能出现的区域，使得跟踪理论能够处理复杂时变的目标航迹起始问题。当目标运动模式发生突变时，多目标跟踪方法往往难以对目标的机动进行匹配。为此，相应的运动模型处理及参数估计方法，就成为了解决目标强机动失配问题的关键。在多目标跟踪中，一般情况下杂波率和检测概率均设为先验常量，而由于环境变化或各类干扰因素等，这一设定显然无法满足滤波需求。因此，各类杂波及检测概率的分析建模方法就显得尤为重要。噪声建模则是影响滤波效果的另一关键因素。在实际场景中，噪声中往往存在大量野值，此时高斯分布无法对其进行准确拟合，新的噪声模型就成了解决问题的关键。

以上内容均属于跟踪滤波中的建模研究，为解决复杂场景下的多目标跟踪问题提供了新的思路和相应的理论支撑，是克服现代防御和武器系统性能瓶颈的关键技术之一。

编者所在课题组长期从事目标跟踪理论与方法的研究，先后承担了多项国家自然科学基金项目、装备综合研究项目，在雷达信号处理、数据处理，尤其是复杂环境下的多目标跟踪框架构建、跟踪效能提升、联合检测与跟踪等方面开展了系统、深入的研究，取得了一系列理论创新与技术突破，部分成果已投入实际应用。在整合提炼近年来课题组多目标跟踪研究理论成果的基础上撰写了本书，期望能为相关领域的学者和专业研究人员提供帮助，以促进多目标跟踪技术的实际应用。

全书共分为7章。第1章为绪论，主要阐述贝叶斯多目标跟踪技术相关背景和发展现状；第2章介绍基于随机有限集理论的滤波方法及评价准则，详细描述了后续章节需要的基础理论；第3章～第7章为本书的重点内容，主要阐述课题组在未知场景建模及滤波方法优化方面所取得的理论创新成果。符号对照表和缩略语对照表详见附录A和附录B。

在从事研究和撰写本书的过程中得到了许多专家、同行和学生的支持和帮助，在此表示由衷的感谢。由于多目标跟踪领域相关前沿研究涉及的内容范围较广，书中难免存在疏漏，敬请专家、同行和读者给予批评、指正。

编　者

2023年5月

目　录

第 1 章　绪　论

1.1 引　言

多目标跟踪(Multiple Target Tracking, MTT)技术起源于 20 世纪 60 年代，其目的是通过传感器接收到的量测数据集对场景中出现的目标进行状态和数目的估计。与单目标跟踪(Single Target Tracking, STT)相比，多目标跟踪需考虑多个目标和多个量测之间的数据关联，其技术实现更为复杂，但应用前景更为广阔。近十几年来，随着传感器和计算机技术的发展，多目标跟踪方法的应用已不再局限于军事领域，在其他学科和领域的应用也十分广泛，如自动驾驶、机器人学、遥感技术、海洋学、生物医学等。

针对不同的分类方式，多目标跟踪方法可以分为单扫描和多扫描、在线和离线、检测前跟踪和检测后跟踪、估计理论和人工智能等。其中，基于贝叶斯理论的多目标跟踪方法作为估计理论跟踪方法的核心，对多目标跟踪技术的发展意义重大，其相关研究一直是学者关注的热点之一。

如何在复杂的跟踪场景下保持对多个目标有效而稳定的估计，是贝叶斯多目标跟踪研究中的重要内容。通常情况下，跟踪场景是未知且动态的，这体现在：

(1) 在传感器观测期间，目标可以自由地进入或离开观测区域，跟踪场景中会产生相应的目标新生密度、目标新生概率和目标存在概率。

(2) 在传感器观测期间，目标可以以任意方式运动，跟踪场景中集合了多种运动模型。

(3) 目标的特性、传感器的种类和噪声的影响均不确定，跟踪场景中包含了动态的目标检测概率。

(4) 干扰源、干扰类型、传感器的类型和噪声均不确定，跟踪场景中需要模拟相应的杂波率及杂波分布。

(5) 观测环境不同，目标和传感器特性不同，过程噪声和量测噪声种类多种多样。

在这样复杂多变的跟踪条件下，多目标跟踪方法的鲁棒性会受到严重影响，甚至失效。目前，针对上述场景的匹配建模研究还处于理论阶段，大部分模型依然难以适应未知场景的变化，部分模型虽然有效提升了方法的适用性，但通常是以降低方法的实时性为代价的，有些模型甚至需要采用离线的处理方式。因此，针对未知动态场景的建模问题，需要构建新的模型框架，并分别对各个场景模型展开研究，从而使得上述在目标估计中至关重要的参量，包括目标新生参量、运动参量、检测概率参量、杂波参量和噪声参量等，能够尽可能地匹配不同的跟踪环境，最终为多目标跟踪方法的理论研究和实际工程应用提供较完善的理论和技术支撑。

传统的基于贝叶斯理论的多目标跟踪方法，其关键是处理目标和量测间的数据关联。基于此思想，涌现出了一系列具有代表性的跟踪算法，其中包括最近邻数据关联(Nearest Neighbor Data Association，NNDA)滤波、全局最近邻数据关联(Global Nearest Neighbor Data Association，GNNDA)滤波、概率数据关联(Probabilistic Data Association，PDA)滤波、联合概率数据关联(Joint PDA，JPDA)滤波、多假设跟踪(Multiple Hypothesis Tracking，MHT)方法等。然而，在高目标数、高杂波密度的条件下，数据关联复杂度呈指数增加。因此，数据关联已经成为上述方法发展的最主要瓶颈。

21 世纪初，随着随机有限集(Random Finite Set，RFS)理论的引入，另一类区别于数据关联思想的贝叶斯多目标跟踪方法得到迅速发展。基于 RFS 理论的多目标跟踪滤波可以有效避免跟踪过程中的数据关联操作，其代表性算法包括概率假设密度(Probability Hypothesis Density，PHD)滤波、势概率假设密度(Cardinalized PHD，CPHD)滤波、势均衡多目标多伯努利(Cardinality Balanced Multi-target Multi-Bernoulli，CBMeMBer)滤波、广义标签多伯努利(Generalized Labelled Multi-Bernoulli，GLMB)滤波等，此类算法为进一步研究多目标跟踪中的未知场景建模奠定了坚实的理论基础。

本书以 RFS 理论和 CBMeMBer 滤波为基础，结合随机矩阵理论、贝叶斯估计理论、模糊理论等，重点展开多目标跟踪中场景未知且时变情况下的跟踪参量建模问题研究。针对复杂跟踪环境引起的错跟、失跟、目标状态及数目估计不准等问题，对假设条件过于理想的目标新生模型、目标运动模型、传感器检测概率、杂波率、噪声模型等跟踪参量进行了完善，取得了一系列适用于复杂场景的多目标跟踪方法，为多目标跟踪技术在实际工程领域中的应用提供了参考。

1.2 贝叶斯框架下的多目标跟踪研究现状

多目标跟踪技术是信息融合领域中的重要内容之一，利用雷达、声呐、光电、红外、可见光等各类传感器接收到的量测集合，多目标跟踪方法可以对目标的位置、速度、加速度、航迹以及数目等信息进行估计。

在贝叶斯框架下的多目标跟踪中，对目标和量测间的关系有两种不同的处理方式，一种是着眼于分析每一对目标和量测的关联可能性，一种是整体分析目标状态集在相应量测集下的更新。据此，基于贝叶斯理论的多目标跟踪方法可以分为两类：基于数据关联的跟踪算法和基于 RFS 理论的跟踪算法。相较于前者，后者在滤波运算中不需要考虑多个目标和量测间的对应与关联，其运算复杂度会大大降低，从而可以将主要精力用于处理与跟踪相关的问题，包括扩展目标问题、群目标问题以及动态场景建模问题等。其中，针对动态未知跟踪场景的适应性建模作为研究热点之一，近些年受到了国内外学者的广泛关注。

下面将逐层递进，从传统的数据关联类多目标跟踪算法入手，对比介绍基于 RFS 理论的多目标跟踪，最后分析 RFS 跟踪算法在复杂场景下的动态参量建模及滤波优化发展趋势。

1.2.1 基于数据关联的多目标跟踪

1. 最近邻数据关联滤波

NNDA 滤波[1,2]是一种最简单的多目标跟踪解决方案，最早由 Singer 等人于 1971 年提出，其思想是将距离目标预测状态最近的量测直接引入贝叶斯滤波公式中，从而通过对相应预测信息的更新来完成对目标状态的估计。采用的距离判定准则多为马氏距离或欧氏距离。在 NNDA 滤波的基础上，GNNDA 滤波[3,4]对关联判定准则进行了改进，通过最小或最大总代价来决定目标和量测间唯一的联合关联模式，并紧接着对相应的预测和量测执行标准贝叶斯滤波。其代价函数的选择多为总距离或总似然值等。NNDA 类算法具有结构清晰、易于实现、运算量小等优势，但当需要跟踪的目标数目增多或信噪比较低时，此类算法往往无法保证跟踪精度，易出现航迹丢失等情况。

2. 概率数据关联滤波

相比于NNDA滤波算法，由Bar-Shalom等人提出的PDA滤波[5,6]是一种更为复杂且完善的数据关联多目标跟踪方法。该方法并非对量测关联进行单一判定，而是基于穷举目标和量测间的关联假设的思想，计算每一个落入跟踪波门内的量测由目标产生的概率，并按此关联概率对其赋予相应的权重。随后遍历每一对关联假设，分别进行贝叶斯滤波更新，再将得到的更新结果加权平均，从而得到对目标状态的估计。

与NNDA滤波相似，当观测区域内的目标密度增大时，单个量测可能落入不止一个跟踪波门内，PDA滤波会出现较为严重的跟踪偏差。针对此情况，Bar-Shalom等人对PDA滤波进行了改进与扩展，进一步提出了JPDA滤波[7,8]。该滤波可以跟踪多个数目固定且已知的目标。通过定义联合关联事件，并计算其相应的联合关联概率，JPDA滤波可以避免在多目标情况下可能发生的量测分配冲突问题。

随着目标和量测数量的增加，JPDA滤波的算法复杂度呈几何式增长。为此，出现了一系列的近似算法，如基于确定性策略的JPDA滤波[9-15]和基于马尔科夫链蒙特卡洛(Markov Chain Monte Carlo，MCMC)策略的JPDA滤波[16]等。另外，由于标准的JPDA滤波要求目标数目固定且已知，针对此问题同样出现了一系列的改进算法，如Bar-Shalom等人提出的自动航迹形成(Automatic Track Formation，ATF)滤波[17]、Musicki等人提出的综合概率数据关联(Integrated PDA，IPDA)滤波[18]和后续提出的联合综合概率数据关联(Joint IPDA，JIPDA)滤波[19]及其高效实现算法[20]等。

3. 多假设跟踪方法

MHT方法是一种递延决策的多目标跟踪方法，通过积累多个时刻的量测信息来确定时刻间的航迹关联组合，从而减小当前时刻的不确定性带来的影响。

MHT方法在每一时刻都传递并保留高后验概率或航迹分数的关联假设，当新的量测集合到达时，对现存的关联假设及其后验概率或航迹分数使用贝叶斯准则，以创建新的关联假设集合。通过这样的方式，MHT方法可以处理航迹的起始和结束，因此可以很好地跟踪数目未知且时变的多个目标。由于关联假设的数量会随着时间的推移以指数形式增长，MHT方法启发式地对其进行修剪与合并，从而减轻运算负担。

MHT方法大致可分为两类，一类是假设导向的MHT(Hypothesis-oriented MHT，HOMHT)方法[21,22]，另一类是航迹导向的MHT(Track-oriented MHT，TOMHT)方法[22-30]。HOMHT方法直接保留假设并进行更新，由Reid等人首先提出。TOMHT方法更新航迹并由航迹产生假设，又分为两类，即树TOMHT(Tree Based TOMHT，T-TOMHT)方法[24,25,27,28]和非树TOMHT(Non-tree Based TOMHT，NT-TOMHT)方法[29,30]。这两类方法以同样的方案解决了二进制多维分配(Multi-Dimensional Assignment，MDA)问题[22,23,31-34]，不同之处在于对航迹的选择和表达。

Kurien等人首先提出了一种通过目标树来表示假设目标的高效T-TOMHT方法[24]。当用目标树表示假设的目标时，可以通过N扫描修剪(N-Scan Pruning)[23-25,28]来减少航迹的数量，而NT-TOMHT方法则无法执行此操作。另外，概率多假设跟踪(Probabilistic MHT，PMHT)方法将关联问题表述为最大似然估计问题，并引入期望最大化(Expectation Maximization，EM)[35-37]来降低算法复杂度。基于turbo编码，文献[38]给出了一种PMHT方法的有效实现，在跟踪精度和算法复杂度间取得了较好的折中。文献[39]针对PMHT方法中的航迹维持提出了改进。

1.2.2　基于随机有限集的多目标跟踪

基于数据关联的多目标跟踪方法普遍需要对传感器获取的量测区分考虑并按照杂波和潜在目标对其进行关联匹配，在高目标密度和杂波密度的跟踪环境下，此过程会导致算法的运算复杂度急剧增加。另外，对于目标的出现和消失，数据关联类多目标跟踪方法无法从理论上对其进行描述。

随着RFS理论[40]的引入，出现了另一类可以避免目标和量测间的关联，直接研究多目标状态最优及次优估计的多目标跟踪方法。基于RFS理论的多目标跟踪方法与单目标贝叶斯滤波具有相似的形式，其多目标状态以有限集合[41,42]的形式应用于贝叶斯滤波框架中。此滤波框架恰当地表述了多目标概率密度这一概念，使得单目标跟踪领域中诸如状态空间模型、贝叶斯递归、贝叶斯最优等名词可以直接转换并使用于多目标跟踪领域。

基于RFS理论的贝叶斯多目标跟踪滤波方法最早由Mahler提出，其理论推导严谨，使用范围广，但数学形式复杂，不能直接进行工程实现。因此，针对多目标后验概率密度估计中出现的复杂的集合微积分，产生了一系列有效的解决方案及相应的滤波实现算法。

PHD 滤波[43,44]通过强度函数来近似多目标的概率密度函数，其最早由 Mahler 于 2003 年提出。强度函数指的是目标后验概率密度函数的一阶矩。在 PHD 跟踪算法中，使用强度函数替代多目标的概率密度函数进行迭代更新，并对多目标状态作出估计，可以有效降低 RFS 贝叶斯多目标滤波方法的计算复杂度。

文献[45]给出了 PHD 滤波基于点过程理论的另一种算法推导方式。文献[46]从物理意义角度对 PHD 滤波进行了自然而直观的阐述。针对线性高斯模型，文献[47]提出了 PHD 滤波的一种闭合实现，即高斯混合(Gaussian Mixture, GM)PHD(GM-PHD)滤波；针对非线性程度较高的模型，文献[48]提出了一种基于粒子滤波的闭合实现，即序贯蒙特卡洛(Sequential Monte Carlo, SMC)PHD(SMC-PHD)滤波。此外，文献[49]提出了另一种粒子形式的 PHD 滤波实现，称为辅助粒子 PHD(Auxiliary Particle PHD, AP-PHD)滤波，通过重新选择重要性密度函数提升了算法的跟踪性能。

PHD 滤波只传递概率密度函数的一阶矩，造成了对目标数目的估计不够稳定。为此，Mahler 于 2007 年提出了一种广义的 PHD 滤波算法，称为 CPHD 滤波[50]。该算法通过联合传递目标的强度函数和势分布函数，得到更为稳定的跟踪性能，但在算法实时性上作出了一定的牺牲。Ba-Ngu Vo 等人于同年提出了 CPHD 滤波的 GM 实现和 SMC 实现，即 GM-CPHD 滤波[51]和 SMC-CPHD 滤波。文献[52]给出了 CPHD 滤波的 GM 粒子实现，即 GMP-CPHD 滤波，可以在处理非线性模型的同时减少运算时间。为了降低 CPHD 滤波的计算复杂度，文献[53]对 CPHD 滤波的更新公式进行了改进，提出了一种更为简单的线性复杂 CPHD(Linear-Complexity CPHD, LC-CPHD)滤波。

尽管 CPHD 滤波在 PHD 滤波的基础上对概率密度函数进行了高阶近似，并联合递归了目标的势分布函数，但其依然是一种强度滤波算法而非密度滤波算法。与这两种算法不同，多目标多伯努利(Multi-target Multi-Bernoulli, MeMBer)滤波[41,54]通过多伯努利 RFS 近似目标的后验概率密度，并对此密度函数进行循环递归。

Mahler 于 2007 年提出的 MeMBer 滤波是第一个基于 RFS 的贝叶斯概率密度滤波算法，然而，由于其更新步骤推导中的近似问题，此算法的目标数估计存在偏差，出现了明显的目标数过估现象。针对此问题，Ba-Ngu Vo 等人对 MeMBer 滤波中的更新步骤作了修正，重新近似了目标的后验概率密度函数，并于 2009 年提出了 CBMeMBer 滤波算法[55,56]，同时一并给出了 CBMeMBer 滤波的 GM 实现和 SMC 实现。

CBMeMBer 滤波可以无偏地估计目标的势，其算法稳定度优于 PHD 滤波，且计算复杂度并未增加。CBMeMBer 滤波中的多伯努利 RFS 可以看作一种时变的假设航迹，每一个假设航迹由一个伯努利分量拟合。SMC-CBMeMBer 滤波不需要通过聚类算法提取目标的状态估计，这是 CBMeMBer 滤波的最大优势之一。文献[57]分析了 SMC-CBMeMBer 滤波的算法收敛性。文献[58]提出了一种改进的 CBMeMBer 滤波，处理了更新过程中出现的量测弱化问题。

CBMeMBer 滤波作为一种概率密度滤波算法，在更新步骤中对后验概率密度函数的推导作了合理的近似，然而，其估计结果与其他 RFS 滤波算法一样，不包含目标的航迹信息。为此，Ba-Ngu Vo 等人于 2013 年提出了一种广义的 MeMBer 滤波算法，称为 GLMB 滤波[59,60]。GLMB 滤波在目标后验概率密度的传递中不作任何近似处理，完整地保留了多目标贝叶斯滤波中的所有信息，并给每一个目标状态分配相应的标签，故其跟踪精度最高，且能够获取目标的航迹信息。由于每一个量测都需要遍历所有目标状态 RFS 子集，因此 GLMB 滤波的计算复杂度明显高于其他 RFS 滤波算法。Ba-Ngu Vo 等人于 2014 年提出的标签多伯努利(Labelled Multi-Bernoulli，LMB)滤波[61]是一种近似的 GLMB 滤波，可以在一定程度上缓解 GLMB 滤波的计算复杂度问题。2017 年，Ba-Ngu Vo 等人进一步提出了 GLMB 滤波算法的高效实现[62]，通过将预测和更新合并为一个步骤，基于吉布斯采样(Gibbs Sampling)对滤波密度进行截断处理，有效提升了 GLMB 滤波算法的实时性。

基于 RFS 理论的贝叶斯跟踪算法涉及多个领域、多个学科，其理论和应用吸引了大批国内外学者进行深入研究，并取得了大量的研究成果，有效推动了多目标跟踪技术的发展。国外具有代表性的研究团队主要有美国洛克希德·马丁公司的 Mahler 教授团队[63-67]、美国新奥尔良大学的李晓榕教授团队[68-72]、澳大利亚科廷大学的 Ba-Ngu Vo 教授团队[73-80]、瑞典查尔姆斯理工大学的 Karl Granström 教授团队[81-89]等。国内进行相关研究的单位主要有国防科技大学、西北工业大学、西安交通大学、上海交通大学、西安电子科技大学、北京航空航天大学、杭州电子科技大学、中国电子科技集团公司第 29 研究所、中国电子科技集团公司第 14 研究所等[90-129]。

1.2.3　多目标跟踪系统中的未知场景建模

目前，多目标跟踪系统在理论框架和实际应用中仍存在诸多挑战，例如数学定义的一致性、推导的严谨性、误差估计方法的合理性、算法应用的鲁棒性等。其中，算法在复杂场景下的鲁棒性研究，即研究滤波中的场景参量建模问题具有非常重要的意义。基于数据关联的滤波算法主要研究多个目标和多个量测间的关联问题，当目标数较多时，此类算法的运算代价很高，不利于进一步研究复杂环境下的滤波场景建模问题。基于 RFS 理论的跟踪算法不需要处理复杂的数据关联，针对未知时变场景中的参量建模问题，产生了许多改进算法[130-159]。

文献[160]针对目标新生模型不匹配的问题，提出了一种改进的目标新生密度模型，通过当前时刻量测信息对目标可能新生区域建模，并将此模型引入 PHD 和 CPHD 滤波中，从而得到未知新生密度 PHD/CPHD 滤波。文献[161]在文献[160]的基础上，简化了并行处理目标新生和目标存活的滤波结构，并给出了基于 CBMeMBer 滤波的实现方式。此外，文献[162]将此简化的滤波结构实现于 GLMB 滤波框架中。文献[163]针对 PHD 滤波中的估计不稳定问题，即目标数过估或低估，提出了一种基于跟踪门的目标预估计步骤，并将此估计结果用于对目标新生密度的建模中，从而得到鲁棒的 GM-PHD 滤波。文献[164]基于量测信息的序贯改变，通过多伯努利 RFS 对目标新生轨迹和新生状态进行检测和估计，并将此新生检测和估计方法应用于 GM-PHD 滤波中。文献[165]基于 GM-PHD 滤波提出了一种通过多个均匀分布的高斯分量拟合目标新生的建模方法，但此方法对高斯新生分量数目有较高要求。

上述文献从多个角度对目标的新生模型进行了研究，然而，这些研究基本是围绕目标的新生密度(即目标可能出现的区域)进行展开，并没有涉及针对目标新生概率(即目标出现可能性)的建模研究。另外，改进的目标新生模型会导致算法复杂度增加，有的模型无法在场景适用性和实时性上达成折中。

在单目标跟踪系统中，交互多模型(Interacting Multiple Model, IMM)[166]和变结构交互多模型(Variable-Structure IMM, VS-IMM)[167]是使用最为广泛的两种目标机动建模方法。在多目标跟踪系统中，文献[168]针对单一运动模型导致的模型不匹配问题，引入跳变马尔科夫系统(Jump Markov System, JMS)，提出了 JMS-多目标跟踪滤波。文献[169]和文献[170]将 JMS 引入 PHD 滤波中，提出了 MM-PHD(Multiple Model PHD)滤波和其 GM 实现——JMS-GM-PHD 滤波。文献[171]将 JMS 引入 CPHD 滤波中，提出了 MM-CPHD 滤波。文献[172]和文献[173]分别将 JMS 引入 MeMBer 和 CBMeMBer 滤波中，提出了 MM-MeMBer 和 MM-CBMeMBer 滤波。文献[174]、文献[175]和文献[176]分别将 JMS 引入 LMB、GLMB 和高效 GLMB

滤波中，提出了 MM-LMB、JMS-GLMB 和高效 JMS-GLMB 滤波。文献[177]通过分式线性变换(Linear Fractional Transformation，LFT)处理非线性 JMS 模型，提出了 LFT-JMS-PHD 滤波。文献[178]将最优高斯拟合(Best-Fitting Gaussian，BFG)近似方法引入 JMS-GM-PHD 中，提出了 BFG-GM-PHD 滤波，但其对 PHD 分布的高斯性假设会限制算法的应用范围。文献[179]对 SMC-MM-PHD 滤波的粒子采样方式进行了改进，将 Rao-Blackwellized 粒子滤波引入其中，通过降低采样维度来提升采样效率，提出了 RBP-MM-PHD 滤波。

上述算法均未使用单一运动模型，如匀速(Constant Velocity，CV)运动模型、匀加速(Constant Acceleration，CA)运动模型、协调转弯(Coordinated Turn，CT)运动模型等来拟合目标的机动，而是通过 JMS 及其近似的 IMM 思想对目标运动模式进行建模，改善了算法在复杂多变的机动场景中的适用性。然而，这些算法大多是将 IMM 方法直接引入滤波框架中，并未进一步研究诸如运动模型集的选择等问题，也未对更为复杂的机动情况作出分析，算法在未知机动发生时的适用性有待考证。

针对未知杂波信息下的杂波率估计问题，文献[180]提出了一种启发式的研究思路，即将杂波信息看作传感器接收到的“伪目标”信息或无用目标信息，并对目标状态空间进行扩展，将其分为真实目标状态空间和产生杂波的“伪目标”状态空间，再利用 CPHD 滤波分别对这两个状态空间的目标进行滤波，最终从“目标”跟踪的角度得到对杂波率的估计。此未知杂波率 CPHD 滤波在杂波环境变化缓慢时能够很好地适应未知杂波场景，但其采用的 CPHD 滤波实现会导致算法出现杂波和目标间的势分配失衡问题。

文献[181]在文献[180]的基础上提出了一种自举式未知杂波率 CPHD 滤波，该方法在正式滤波前先通过文献[180]中提出的算法对杂波率进行估计，再将估计值带入标准 CPHD 滤波算法中。虽然这一方法可有效提升未知杂波率 CPHD 滤波的跟踪精度，但仍然继承了其缺陷。针对杂波密度估计问题，文献[182]分别通过 EM 和 MCMC 方法将杂波密度看作有限混合模型(Finite Mixture Models，FMM)并进行估计，然而其估计过程复杂、耗时，在适应未知杂波密度的同时无法兼顾算法实时性。

目前，对未知杂波率的实时估计多采用将杂波看作“伪目标”量测进行滤波，对于未知杂波密度的估计，还未出现能够对场景适用性和运行效率进行折中的方法。

针对检测概率不确定问题，文献[180]通过贝塔(Beta)分布拟合检测概率，利用贝塔分布的均值函数表达传感器实际的检测、漏检情况，并对贝塔分布中的参数进行了迭代更新，通过 GM-CPHD 滤波进行实现。该未知检测概率 GM-CPHD 滤波在检测概率变化率较低时可以很好地对其作出估计，从而适应检测概率未知的复杂环境。然而，该算法在滤波过程中使用的检测概率估计值并未包含任何当前时刻的传感器信息，当前时刻更新后的检测概率估计值被用于下一时刻滤波运算，这就造成了检测概率估计的时延。

文献[183]将文献[180]提出的未知杂波率估计方法和未知检测概率估计方法引入 GLMB 滤波中，提出了未知杂波率和未知检测概率 GLMB 滤波。文献[184]同样将杂波考虑为“伪目标”量测，并采用贝塔分布估计检测概率，随后将其应用于作者本人提出的克罗内克混合泊松(Kronecker Delta Mixture and Poisson，KDMP)滤波中，提出了未知杂波率和检测概率 KDMP 滤波。

目前，联合滤波及估计未知检测概率的算法均采用贝塔分布建模检测概率，并未出现其他更为有效的检测概率估计方法。

目标跟踪中状态估计的本质是通过传感器获得的量测来修正估计当前的目标状态。在实际应用中，过程噪声和量测噪声均可能出现野值而服从重尾非高斯分布，如果在杂波环境下跟踪机动目标，剧烈的机动和不稳定的传感器性能均会引起过程噪声和量测噪声野值。这时继续采用高斯分布拟合噪声，将导致错误的状态估计结果，降低目标跟踪性能。针对此问题，文献[185]提出了处理闪烁量测噪声的多目标跟踪 PHD 滤波。该算法利用学生 t 分布对闪烁噪声进行建模，并假设学生 t 分布的尺度矩阵和自由度服从伽马分布。然后利用变分贝叶斯方法估计目标状态和量测噪声参数，得到了 PHD 滤波的高斯伽马分布混合实现。此类方法能够处理闪烁量测噪声或量测噪声野值下的多目标跟踪问题。然而，上述基于 RFS 的变分贝叶斯滤波方法只能处理量测噪声野值下的多目标跟踪问题，且需要通过固定点迭代计算变分贝叶斯近似中相互耦合的各参数，运算较为复杂。

文献[186]提出了基于学生 t 分布的 PHD 滤波，能够处理过程噪声野值和量测噪声野值的多目标跟踪问题。通过用学生 t 分布建模含有野值的过程噪声和量测噪声，并将多目标后验强度近似为学生 t 分布混合形式。该方法可充分利用学生 t 分布的重尾特性来应对过程噪声野值和量测噪声野值，但它依然具有 PHD 滤波固有的缺点。

与单目标跟踪相比，噪声野值下的 RFS 滤波问题更加复杂。针对不同实际场景中的噪声特性，如何对噪声建模并在 RFS 框架下优化多目标概率密度的预测和更新，还有待进一步研究。

本章小结

本章主要阐述复杂场景下多目标跟踪的研究背景及意义。首先，综述了贝叶斯框架下多目标跟踪理论的发展现状，其中包括基于数据关联的多目标跟踪方法和基于 RFS 理论的多目标跟踪方法。然后，综述了 RFS-MTT 方法在未知动态场景中面临的挑战和与之对应的新理论、新方法，主要包括新生模型建模、运动模型建模、检测概率及杂波率估计、噪声建模等方面的国内外研究现状，分析了相关发展动态，并引出亟须解决的关键问题。

第2章 随机有限集目标跟踪基础

2.1 引　　言

自第一部跟踪雷达 SCR-28 问世以来，目标跟踪技术不断发展完善，已经实现了从单目标跟踪领域到多目标跟踪领域的拓展。在多目标跟踪中，针对不同的数据类型及应用需求，产生了一系列具有代表性的跟踪理论，其中，贝叶斯框架下的多目标跟踪理论已经广泛地应用于各个领域。由于跟踪中存在诸多不确定性因素，如目标的出现与消失未知、目标数目未知、传感器检测状况未知、量测信息完整度及来源未知、噪声特性未知等，对多个目标的状态和数目进行实时准确的估计依然是非常棘手的问题，其解决方案的提出涉及多个学科、多个领域。

传统的贝叶斯多目标跟踪方法主要处理目标和量测间的相互关系，先对目标和量测进行关联，随后再进行贝叶斯滤波估计，并从复杂的关联滤波结果中找出正确的关联及状态估计，如 JPDA 滤波和 MHT 方法等。当目标和量测数目较多时，由数据关联导致的 NP-Hard 问题限制了算法的应用前景。

随着 RFS 理论的引入，出现了另一类不同于传统数据关联算法的贝叶斯多目标跟踪方法，即 RFS-MTT 滤波算法。RFS 理论最早由 Mathéron 于 1975 年提出[187]，主要用于从数学上对位置未知多边形和几何积分顶点数目进行描述，Mahler 率先将其引入贝叶斯多目标跟踪中，构建了新的可以避免复杂数据关联的 RFS 贝叶斯滤波框架。基于 RFS 理论的贝叶斯滤波是目前较为理想的适应各类不确定因素的跟踪方法。

本章首先介绍了 RFS 理论的基本知识，随后介绍了三种应用最为广泛的 RFS-MTT 算法，最后简述了多目标跟踪算法的评价准则，为后续的研究奠定了相关理论基础。

2.2　随机有限集理论

本节简要介绍随机有限集基本理论，从随机有限集的定义开始，引出其集合微积分运算，进而分析随机有限集理论在贝叶斯框架下的拓展应用。该应用的滤波可实现性探索是本领域相关问题研究的起点。

2.2.1　随机有限集的定义

RFS 可以简单地理解为以有限集合作为取值的随机变量。其与随机向量最本质的区别在于：RFS 中元素数目随机，而随机向量中元素数目固定；RFS 中每个元素均不相同，而随机向量中可以存在相同的元素；RFS 中元素不存在排列顺序，而随机向量中元素是有序的。在对观察到的元素如雷达接收到的量测、森林中的树木、鸟巢、疾病病例等进行分析时，RFS 可以作为有效的统计学模型。

通过描述元素数目的离散势分布函数和在此基础上描述元素状态的对称联合分布函数，可以完整地表示空间 $\chi\subseteq\mathbb{R}^d$ 中的 RFS $\boldsymbol{X}$。假设$\mathbb{N}$和$\mathbb{N}_+$分别表示非负整数空间和正整数空间。那么，在$\mathbb{N}$上的势分布 $\varphi(\cdot)$可以决定集合中的元素总数目，在乘积空间 $\chi^n=\chi\times\cdots\times\chi$，其中，$n\in\mathbb{N}_+$ 上的概率分布 $p_n(\cdot)$可以决定元素数为 n 的元素集的联合状态分布。因此，从分布 $\varphi(\cdot)$上采样一个非负整数 n，再从分布 $p_n(\cdot)$上采样 n 个空间χ 中的元素，可以简单地生成一个 RFS。

本质上，空间 χ 上的 RFS $\boldsymbol{X}$ 可以定义为一个从采样空间$\mho$到 $\mathcal{F}(\chi)$的映射，即

$$\boldsymbol{X}:\mho\rightarrow\mathcal{F}(\chi) \tag{2-1}$$

其中，$\chi\subseteq\mathbb{R}^d$，$\mathcal{F}(\chi)$为空间 χ 的有限子集空间。采样空间$\mho$的概率测度为 $\mathbb{P}$。

与随机变量相似，最基本地，一个 RFS $\boldsymbol{X}$ 可以通过概率分布函数完整地对其进行描述。在空间 χ 上的 RFS $\boldsymbol{X}$ 的概率分布函数可以表示为

$$p(\boldsymbol{\mathcal{T}})=\mathbb{P}(\{\boldsymbol{X}\in\boldsymbol{\mathcal{T}}\}) \tag{2-2}$$

对于空间 $\mathcal{F}(\chi)$中的任意波莱尔(Borel)子集$\boldsymbol{\mathcal{T}}$，$\{\boldsymbol{X}\in\boldsymbol{\mathcal{T}}\}$表示采样空间$\mho$的可度量子集$\{\mho'\in\mho:\boldsymbol{X}(\mho')\in\boldsymbol{\mathcal{T}}\}$。

2.2.2　集合微积分

在 RFS 理论中，RFS 概率密度函数的计算非常重要，也非常棘手。为此，

Mahler 定义了集合微积分来处理此问题。

集合积分：假设 $f(\boldsymbol{X})$是 RFS $\boldsymbol{X}=\{\boldsymbol{x}_1, \cdots, \boldsymbol{x}_n\}$的实值函数，那么 $f(\boldsymbol{X})$在集合$\mathcal{S}\subseteq\chi$ 上的集合积分可以表示为

$$\begin{aligned}\int_{\mathcal{S}} f(\boldsymbol{X})\delta\boldsymbol{X} &\overset{\text{def}}{=} \sum_{n=0}^{\infty}\frac{1}{n!}\int_{\mathcal{S}^n} f(\{\boldsymbol{x}_1, \cdots, \boldsymbol{x}_n\})\mathrm{d}\boldsymbol{x}_1\cdots\mathrm{d}\boldsymbol{x}_n \\ &= f(\varnothing)+\int_{\mathcal{S}} f(\{x\})\mathrm{d}x + \\ &\quad \frac{1}{2}\int_{\mathcal{S}\times\mathcal{S}} f(\{\boldsymbol{x}_1,\boldsymbol{x}_2\})\mathrm{d}\boldsymbol{x}_1\mathrm{d}\boldsymbol{x}_2+\cdots \end{aligned} \tag{2-3}$$

对于所有 $n\geqslant 2$，定义 n 维变量 $\boldsymbol{x}_1, \cdots, \boldsymbol{x}_n$ 上的函数 $f(\boldsymbol{x}_1, \cdots, \boldsymbol{x}_n)$为

$$f(\boldsymbol{x}_1, \cdots, \boldsymbol{x}_n)\overset{\text{def}}{=}\begin{cases}\dfrac{1}{n!}f\{(\boldsymbol{x}_1, \cdots, \boldsymbol{x}_n)\}, & \boldsymbol{x}_1, \cdots, \boldsymbol{x}_n \text{ 不相同} \\ 0, & \text{其他}\end{cases} \tag{2-4}$$

则式(2-3)中的分项可以表示为

$$\int_{\mathcal{S}^n} f(\{\boldsymbol{x}_1, \cdots, \boldsymbol{x}_n\})\mathrm{d}\boldsymbol{x}_1\cdots\mathrm{d}\boldsymbol{x}_n = n!\int_{\mathcal{S}^n} f(\boldsymbol{x}_1, \cdots, \boldsymbol{x}_n)\mathrm{d}\boldsymbol{x}_1\cdots\mathrm{d}\boldsymbol{x}_n \tag{2-5}$$

集合微分：假设 $C(\chi)$为空间 χ 上闭子集的空间，则函数 F：$C(\chi)\rightarrow[0, \infty)$在 $\boldsymbol{x}\in\chi$ 处的集合微分可以表示为

$$\frac{\mathrm{d}F}{\mathrm{d}\boldsymbol{x}}(\mathcal{S})\overset{\text{def}}{=}\lim_{\lambda(\Delta\boldsymbol{x})\rightarrow 0}\frac{F(\mathcal{S}\cup\Delta\boldsymbol{x})-F(\mathcal{S})}{\lambda(\Delta\boldsymbol{x})} \tag{2-6}$$

其中，$\Delta\boldsymbol{x}$ 为 $\boldsymbol{x}$ 的邻域，$\lambda(\Delta\boldsymbol{x})$表示 $\Delta\boldsymbol{x}$ 的勒贝格(Lebesgue)测度或体积。函数 F 在 RFS $\boldsymbol{X}=\{\boldsymbol{x}_1, \cdots, \boldsymbol{x}_n\}$处的集合微分可以表示为

$$\frac{\delta F}{\delta\boldsymbol{X}}=\frac{\delta^n F}{\delta\boldsymbol{x}_1\cdots\delta\boldsymbol{x}_n}(\mathcal{S})\overset{\text{def}}{=}\frac{\delta}{\delta\boldsymbol{x}_1}\cdots\frac{\delta}{\delta\boldsymbol{x}_n}F(\mathcal{S}) \tag{2-7}$$

由于集合积分与集合微分互为逆运算，其关系可以通过广义微积分基本理论表示为

$$f(\boldsymbol{X})=\frac{\delta F}{\delta\boldsymbol{X}}(\varnothing)\Leftrightarrow F(\mathcal{S})=\int_{\mathcal{S}} f(\boldsymbol{X})\delta\boldsymbol{X} \tag{2-8}$$

在集合微积分中，存在如下运算法则：

常数法则表示为

$$\frac{\delta}{\delta\boldsymbol{X}}K=\varnothing, \ K \text{ 是常数} \tag{2-9}$$

加法则表示为

$$\frac{\delta}{\delta\boldsymbol{X}}[a_1F_1(\mathcal{S})+a_2F_2(\mathcal{S})]=a_1\frac{\delta F_1}{\delta\boldsymbol{X}}(\mathcal{S})+a_2\frac{\delta F_2}{\delta\boldsymbol{X}}(\mathcal{S}) \tag{2-10}$$

积法则表示为

$$\frac{\delta}{\delta \boldsymbol{X}}[F_1(\mathcal{S})F_2(\mathcal{S})]=\sum_{\boldsymbol{W}\subseteq \boldsymbol{X}}\frac{\delta F_1}{\delta \boldsymbol{W}}(\mathcal{S})\frac{\delta F_2}{\delta(\boldsymbol{X}-\boldsymbol{W})}(\mathcal{S}) \tag{2-11}$$

幂法则表示为

$$\frac{\delta}{\delta \boldsymbol{X}}p(\mathcal{S})^n=\begin{cases}\dfrac{n!}{(n-k)!}p(\mathcal{S})^{n-k}f_p(\boldsymbol{x}_1)\cdots f_p(\boldsymbol{x}_k),\ k\leqslant n\\ \varnothing,\ k>n\end{cases} \tag{2-12}$$

卷积公式表示为

$$\frac{\delta}{\delta \boldsymbol{x}}f[F_1(\mathcal{S}),\ \cdots,\ F_n(\mathcal{S})]=\sum_{i=1}^{n}\frac{\mathrm{d}f}{\mathrm{d}\boldsymbol{z}_i}(F_1(\mathcal{S}),\ \cdots,\ F_n(\mathcal{S}))\frac{\delta F_i}{\delta x}(\mathcal{S}) \tag{2-13}$$

2.2.3　贝叶斯框架下的随机有限集滤波

在多目标系统中，由于目标的出现和消失，目标数目会随着时间变化。由于传感器存在漏检和虚警，所以观测到的目标数并不等于真实目标数。此外，目标或虚警与量测间的对应关系也难以明确。

假设在 k 时刻，状态空间 $\chi\subseteq\mathbb{R}^{n_x}$ 中存在 N_k 个目标状态 $\boldsymbol{x}_{1,k}$，…，$\boldsymbol{x}_{N_k,k}$，量测空间 $\mathcal{Z}\subseteq\mathbb{R}^{n_z}$ 中存在 M_k 个量测 $\boldsymbol{z}_{1,k}$，…，$\boldsymbol{z}_{M_k,k}$。其中，状态和量测均为变量，状态和量测的数目同样为变量，且排列顺序并无明确的物理意义。那么，k 时刻的状态和量测可以在数学上表示为 RFS 的形式，即

$$\boldsymbol{X}_k=\{\boldsymbol{x}_{1,k},\ \cdots,\ \boldsymbol{x}_{N_k,k}\}\in\mathcal{F}(\chi) \tag{2-14}$$

$$\boldsymbol{Z}_k=\{\boldsymbol{z}_{1,k},\ \cdots,\ \boldsymbol{z}_{M_k,k}\}\in\mathcal{F}(\mathcal{Z}) \tag{2-15}$$

其中，有限集合 $\boldsymbol{X}_k$ 可以称为多目标状态，$\mathcal{F}(\chi)$为多目标状态空间。有限集合 $\boldsymbol{Z}_k$ 可以称作多目标量测，$\mathcal{F}(\mathcal{Z})$为多目标量测空间。$\mathcal{F}(\cdot)$表示集合的所有有限子集。

通过 RFS 理论构建随机模型，可以完整地表现多目标状态的变化和量测的产生。假设 $k-1$ 时刻的多目标状态为 $\boldsymbol{X}_{k-1}$，那么，所有 $k-1$ 时刻的目标在 k 时刻的出现、存活和消失可以通过 RFS 建模为

$$\boldsymbol{X}_k=\left(\bigcup_{\boldsymbol{x}_{k-1}\in\boldsymbol{X}_{k-1}}\boldsymbol{S}_{k|k-1}(\boldsymbol{x}_{k-1})\right)\cup\boldsymbol{\Gamma}_k \tag{2-16}$$

其中，$\boldsymbol{S}_{k|k-1}(\boldsymbol{x}_{k-1})$表示存活目标的 RFS，$\boldsymbol{\Gamma}_k$ 表示新生目标的 RFS。

在存活目标 RFS 中，每一个目标的状态 $\boldsymbol{x}_{k-1}\in\boldsymbol{X}_{k-1}$ 可能在 k 时刻以概率 $p_{S,k}(\boldsymbol{x}_{k-1})$继续存活，并通过概率函数 $f_{k|k-1}(\boldsymbol{x}_k|\boldsymbol{x}_{k-1})$转移为新的状态 $\boldsymbol{x}_k$，也有 $1-p_{S,k}(\boldsymbol{x}_{k-1})$的概率消失。$\boldsymbol{S}_{k|k-1}(\boldsymbol{x}_{k-1})$可以表示为如下形式：

$$\boldsymbol{S}_{k|k-1}(\boldsymbol{x}_{k-1})=\begin{cases}\varnothing, & 1-p_{S,k}(\boldsymbol{x}_{k-1})\\ \boldsymbol{x}_k, & p_{S,k}(\boldsymbol{x}_{k-1})\end{cases} \tag{2-17}$$

假设在 k 时刻多目标状态为 $\boldsymbol{X}_k$，那么，k 时刻量测的产生可以通过 RFS 建模为

$$\boldsymbol{Z}_k=\boldsymbol{K}_k\cup\left(\bigcup_{\boldsymbol{x}_k\in\boldsymbol{X}_k}\boldsymbol{\Theta}_k(\boldsymbol{x}_k)\right) \tag{2-18}$$

其中，$\boldsymbol{\Theta}_k(\boldsymbol{x}_k)$为目标对应的量测 RFS，$\boldsymbol{K}_k$ 为杂波的 RFS。

在目标对应的量测 RFS 中，每一个 k 时刻的目标状态 $\boldsymbol{x}_k\in\boldsymbol{X}_k$ 有 $p_{D,k}(\boldsymbol{x}_k)$的概率被检测到，并通过似然函数 $g_k(\boldsymbol{z}_k|\boldsymbol{x}_k)$产生量测 $\boldsymbol{z}_k$，也有概率为 $1-p_{D,k}(\boldsymbol{x}_k)$的漏检可能性。$\boldsymbol{\Theta}_k(\boldsymbol{x}_k)$可以表示为如下形式：

$$\boldsymbol{\Theta}_k(\boldsymbol{x}_k)=\begin{cases}\varnothing, & 1-p_{D,k}(\boldsymbol{x}_k)\\ \boldsymbol{z}_k, & p_{D,k}(\boldsymbol{x}_k)\end{cases} \tag{2-19}$$

通过集合微积分，可以推导出 RFS 框架下的贝叶斯滤波递归公式。

预测： 假设 $k-1$ 时刻的多目标后验密度为 $p_{k-1}(\boldsymbol{X}_{k-1}|\boldsymbol{Z}_{1:k-1})$，那么，$k$ 时刻的多目标预测密度可以通过查普曼-科莫高洛夫(Chapman-Kolmogorov)公式表示为

$$p_{k|k-1}(\boldsymbol{X}_k|\boldsymbol{Z}_{1:k-1})=\int f_{k|k-1}(\boldsymbol{X}_k|\boldsymbol{X}_{k-1})p_{k-1}(\boldsymbol{X}_{k-1}|\boldsymbol{Z}_{1:k-1})\delta\boldsymbol{X}_{k-1} \tag{2-20}$$

其中，$f_{k|k-1}(\boldsymbol{X}_k|\boldsymbol{X}_{k-1})$表示目标状态 RFS 的转移函数，$\boldsymbol{Z}_{1:k-1}=\{\boldsymbol{Z}_1,\cdots,\boldsymbol{Z}_{k-1}\}$表示 $k-1$ 个时刻累积的量测 RFS 的集合。

更新： 假设 k 时刻多目标预测密度为 $p_{k|k-1}(\boldsymbol{X}_k|\boldsymbol{Z}_{1:k-1})$，量测 RFS 为 $\boldsymbol{Z}_k$，那么，k 时刻的多目标后验密度可以通过贝叶斯公式表示为

$$p_k(\boldsymbol{X}_k|\boldsymbol{Z}_{1:k})=\frac{g_k(\boldsymbol{Z}_k|\boldsymbol{X}_k)p_{k|k-1}(\boldsymbol{X}_k|\boldsymbol{Z}_{1:k-1})}{\int g_k(\boldsymbol{Z}_k|\boldsymbol{X}_k)p_{k|k-1}(\boldsymbol{X}_k|\boldsymbol{Z}_{1:k-1})\delta\boldsymbol{X}_k} \tag{2-21}$$

其中，$g_k(\boldsymbol{Z}_k|\boldsymbol{X}_k)$表示量测 RFS 的似然函数。

2.3 随机有限集多目标跟踪方法

随机有限集贝叶斯滤波在预测和更新过程中均涉及复杂的集合微积分运算，直接求解计算负担极重，目前无法实现。针对此问题，国内外学者作了大量研究，推导出了一系列跟踪精度满足要求的近似实现算法。本节将重点介绍其中应用最为广泛的三种，分别是一阶近似的 PHD 滤波、二阶近似的 CPHD 滤波和直接近似概率密度函数的 CBMeMBer 滤波。

2.3.1　概率假设密度滤波

PHD 滤波是多目标贝叶斯滤波中一种复杂度较低的近似算法。PHD 滤波在每个时刻不再传播多目标的后验密度，而是传播后验密度函数的一阶矩，称之为强度函数。

对于空间 χ 上的 RFS $\boldsymbol{X}$，其 PHD 可以表示为 $D(\boldsymbol{x})$，则对任意闭子集 $\boldsymbol{\mathcal{S}} \subseteq \chi$，可以得到

$$\mathbf{E}[|\boldsymbol{X} \cap \boldsymbol{\mathcal{S}}|]=\int_{\mathcal{S}} D(\boldsymbol{x})\mathrm{d}\boldsymbol{x} \tag{2-22}$$

其中，$|\boldsymbol{X}|$表示 RFS 中的元素数。可以看出，对于任意 $\boldsymbol{x}$，$D(\boldsymbol{x})$即为 $\boldsymbol{x}$ 在单位体积内的目标数密度，$D(\boldsymbol{x})$在$\boldsymbol{\mathcal{S}}$ 上的积分即为 $\boldsymbol{X}$ 在$\boldsymbol{\mathcal{S}}$内的目标数。那么，RFS $\boldsymbol{X}$ 中的总目标数目可以表示为 $\hat{N}=\mathrm{round}\left(\int D(\boldsymbol{x})\mathrm{d}\boldsymbol{x}\right)$。另外，空间 χ 中目标最有可能存在之处为 $D(\boldsymbol{x})$中的局部最大值对应点，故可以对其进行提取来估计 $\hat{N}$ 个目标的状态。

将强度函数引入多目标贝叶斯框架，需进行如下假设：

(1) 每一个目标的运动相互独立，每一个量测的产生相互独立；

(2) 新生强度函数为泊松分布，并且独立于存活目标强度函数；

(3) 杂波为泊松分布，并且独立于目标对应的量测；

(4) 多目标的预测强度函数和后验强度函数均为泊松分布。

基于以上假设，可以得到 PHD 滤波的循环递归，其与 RFS 理论下的贝叶斯滤波的主要区别如图 2.1 所示。

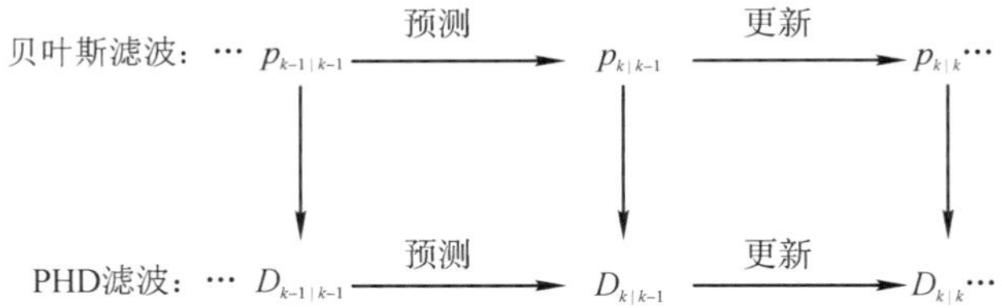

图 2.1　RFS 贝叶斯滤波的 PHD 近似实现

预测步骤：若 $k-1$ 时刻多目标后验强度为 $D_{k-1|k-1}(\cdot)$，则预测强度可以表示为

$$D_{k|k-1}(\boldsymbol{x})=\overbrace{\int p_{S,k}(\boldsymbol{\xi})f_{k|k-1}(\boldsymbol{x}\mid\boldsymbol{\xi})D_{k-1|k-1}(\boldsymbol{\xi})\mathrm{d}\boldsymbol{\xi}}^{存活}+\overbrace{\gamma_k(\boldsymbol{x})}^{新生} \tag{2-23}$$

其中，$\gamma_k(\cdot)$为新生强度函数，$f_{k|k-1}(\cdot|\boldsymbol{\xi})$为状态转移函数。

更新步骤： 若 k 时刻多目标预测强度为 $D_{k|k-1}(\cdot)$，则 k 时刻后验强度可以表示为

$$D_{k|k}(\boldsymbol{x})=\overbrace{(1-p_{D,k}(\boldsymbol{x}))D_{k|k-1}(\boldsymbol{x})}^{漏检}+\overbrace{\sum_{z\in Z_k}\frac{p_{D,k}(\boldsymbol{x})g_k(\boldsymbol{z}\mid\boldsymbol{x})D_{k|k-1}(\boldsymbol{x})}{\kappa_k(\boldsymbol{z})+\int p_{D,k}(\boldsymbol{\xi})g_k(\boldsymbol{z}\mid\boldsymbol{\xi})D_{k|k-1}(\boldsymbol{\xi})\mathrm{d}\boldsymbol{\xi}}}^{检测} \tag{2-24}$$

其中，$g_k(\cdot|\boldsymbol{x})$为量测似然函数，$\kappa_k(\cdot)$为杂波强度。

2.3.2 势概率假设密度滤波

CPHD 滤波是多目标贝叶斯滤波中的另一种强度函数近似滤波算法。CPHD 滤波在每个时刻传播多目标后验密度函数的高阶矩，并同时传播多目标的势分布函数。

其推导需满足如下假设：

(1) 每一个目标的运动相互独立，每一个量测的产生相互独立；

(2) 新生强度函数与存活目标强度函数相互独立；

(3) 杂波为独立同分布群(Independent and Identically Distributed Cluster，IID Cluster)，并且独立于目标对应的量测；

(4) 多目标的预测强度函数和后验强度函数均为 IID 群。

基于以上假设，可以得到 CPHD 滤波的循环递归。其与 RFS 理论下的贝叶斯滤波的主要区别如图 2.2 所示。

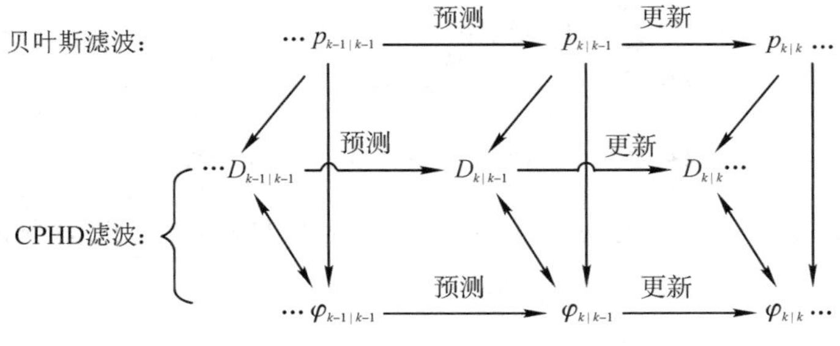

图 2.2 RFS 贝叶斯滤波的 CPHD 近似实现

预测步骤： 若 $k-1$ 时刻多目标后验强度为 $D_{k-1|k-1}(\cdot)$，后验势分布为 $\varphi_{k-1}(\cdot)$，则预测势分布和预测强度可以分别表示为

$$\varphi_{k|k-1}(n)=\sum_{j=0}^{n}\varphi_{\Gamma,k}(n-j)\prod\nolimits_{k|k-1}[D_{k-1|k-1},\varphi_{k-1|k-1}](j) \quad (2-25)$$

$$D_{k|k-1}(\boldsymbol{x})=\int p_{S,k}(\boldsymbol{\xi})f_{k|k-1}(\boldsymbol{x}\mid\boldsymbol{\xi})D_{k-1|k-1}(\boldsymbol{\xi})\mathrm{d}\boldsymbol{\xi}+\gamma_k(\boldsymbol{x}) \quad (2-26)$$

$$\prod\nolimits_{k|k-1}[D,\varphi](j)=\sum_{l=j}^{\infty}C_j^l\frac{\langle p_{S,k},D\rangle^j\langle 1-p_{S,k},D\rangle^{l-j}}{\langle 1,D\rangle^l} \quad (2-27)$$

其中，$\gamma_k(\cdot)$为新生强度函数，$\varphi_{\Gamma,k}(\cdot)$为新生势分布函数，$f_{k|k-1}(\cdot|\boldsymbol{\xi})$为状态转移函数。

更新步骤： 若 k 时刻多目标预测强度为 $D_{k|k-1}(\cdot)$，预测势分布为 $\varphi_{k|k-1}(\cdot)$，则 k 时刻后验势分布和后验强度可以分别表示为

$$\varphi_{k|k}(n)=\frac{\varphi_{k|k-1}(n)\Upsilon_k^0[D_{k|k-1},\boldsymbol{Z}_k](n)}{\langle\varphi_{k|k-1},\Upsilon_k^0[D_{k|k-1},\boldsymbol{Z}_k]\rangle} \quad (2-28)$$

$$D_{k|k}(\boldsymbol{x})=D_{k|k-1}(\boldsymbol{x})\Bigg((1-p_{D,k}(\boldsymbol{x}))\frac{\langle\Upsilon_k^1[D_{k|k-1},\boldsymbol{Z}_k],\varphi_{k|k-1}\rangle}{\langle\Upsilon_k^0[D_{k|k-1},\boldsymbol{Z}_k],\varphi_{k|k-1}\rangle}+$$

$$\sum_{z\in Z_k}\psi_{k,z}(\boldsymbol{x})\frac{\langle\Upsilon_k^1[D_{k|k-1},\boldsymbol{Z}_k\backslash\{\boldsymbol{z}\}],\varphi_{k|k-1}\rangle}{\langle\Upsilon_k^0[D_{k|k-1},\boldsymbol{Z}_k],\varphi_{k|k-1}\rangle}\Bigg) \quad (2-29)$$

$$\Upsilon_k^{\bar{u}}[D,\boldsymbol{Z}](n)=\sum_{j=0}^{\min(|\boldsymbol{Z}|,n)}(|\boldsymbol{Z}|-j)!\ \varphi_{\kappa,k}(|\boldsymbol{Z}|-j)P_{j+\bar{u}}^{n}\times$$

$$\frac{\langle 1-p_{D,k},D\rangle^{n-(j+\bar{u})}}{\langle 1,D\rangle^n}e_j(\overline{\Xi}_k(D,\boldsymbol{Z})) \quad (2-30)$$

$$\psi_{k,z}(\boldsymbol{x})=\frac{\langle 1,\kappa_k\rangle}{\kappa_k(\boldsymbol{z})}g_k(\boldsymbol{z}\mid\boldsymbol{x})p_{D,k}(\boldsymbol{x}) \quad (2-31)$$

$$\overline{\Xi}_k(D,\boldsymbol{Z})=\{\langle D,\psi_{k,z}\rangle:\boldsymbol{z}\in\boldsymbol{Z}\} \quad (2-32)$$

其中，$g_k(\cdot|\boldsymbol{x})$为量测似然函数，$\kappa_k(\cdot)$为杂波强度，$\varphi_{\kappa,k}(\cdot)$为杂波势分布。

2.3.3　势均衡多伯努利滤波

CBMeMBer 滤波是多目标贝叶斯滤波中的一种概率密度函数近似滤波算法。与 PHD/CPHD 滤波在每个时刻传播强度函数不同，CBMeMBer 滤波在每个时刻传播近似的多目标后验概率密度函数。

伯努利 RFS 表示一种二元的动态分布，有概率 $1-r$ 的可能性为空集，有概率 r 的可能性为概率密度分布 p 的单个变量。伯努利 RFS $\boldsymbol{X}$ 的概率密度函

数可以表示为

$$\pi(\boldsymbol{X})=\begin{cases}1-r & \boldsymbol{X}=\varnothing \\ r \cdot p(\boldsymbol{x}) & \boldsymbol{X}=\{\boldsymbol{x}\}\end{cases} \tag{2-33}$$

多伯努利 RFS 由多个伯努利 RFS 组成，可以表示为

$$\boldsymbol{X}=\bigcup_{i=1}^{M} \boldsymbol{X}^{(i)} \tag{2-34}$$

上式多伯努利 RFS 可以表示为另一种形式，即 $\{(r^{(i)},\ p^{(i)})\}_{i=1}^{M}$，其中，参数集 $(r^{(i)},\ p^{(i)})$ 属于伯努利 RFS $\boldsymbol{X}^{(i)}$。

CBMeMBer 滤波的推导需满足如下假设：

(1) 每一个目标的运动相互独立，每一个量测的产生相互独立；

(2) 新生密度函数为多伯努利分布并独立于存活目标密度函数；

(3) 杂波为泊松分布，并且独立于目标对应的量测。

基于以上假设，可以得到 CBMeMBer 滤波的循环递归，其与 RFS 理论下的贝叶斯滤波的主要区别如图 2.3 所示。

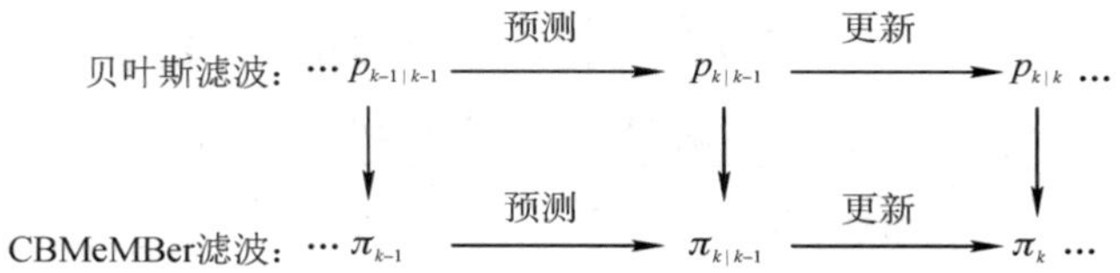

图 2.3 RFS 贝叶斯滤波的 CBMeMBer 近似实现

预测步骤：若 $k-1$ 时刻多目标后验概率密度可以表示为

$$\pi_{k-1}=\{(r_{k-1}^{(i)},\ p_{k-1}^{(i)})\}_{i=1}^{M_{k-1}} \tag{2-35}$$

则 k 时刻预测概率密度可以表示为

$$\pi_{k|k-1}=\{(r_{\Gamma,k}^{(i)},\ p_{\Gamma,k}^{(i)})\}_{i=1}^{M_{\Gamma,k}} \cup \{(r_{P,k|k-1}^{(i)},\ p_{P,k|k-1}^{(i)})\}_{i=1}^{M_{k-1}} \tag{2-36}$$

其中，$\{(r_{\Gamma,k}^{(i)},\ p_{\Gamma,k}^{(i)})\}_{i=1}^{M_{\Gamma,k}}$ 为新生概率密度，$\{(r_{P,k|k-1}^{(i)},\ p_{P,k|k-1}^{(i)})\}_{i=1}^{M_{k-1}}$ 为存活预测概率密度：

$$r_{P,k|k-1}^{(i)}=r_{k-1}^{(i)}\langle p_{k-1}^{(i)},\ p_{S,k}\rangle \tag{2-37}$$

$$p_{P,k|k-1}^{(i)}(\boldsymbol{x})=\frac{\langle f_{k|k-1}(\boldsymbol{x}\mid\cdot),\ p_{k-1}^{(i)} p_{S,k}\rangle}{\langle p_{k-1}^{(i)},\ p_{S,k}\rangle} \tag{2-38}$$

其中，$f_{k|k-1}(\cdot|\boldsymbol{\xi})$ 为状态转移函数。预测多伯努利分布的总项数为 $M_{k|k-1}=M_{k-1}+M_{\Gamma,k}$，$\pi_{k|k-1}$ 可以重新表示为

$$\pi_{k|k-1}=\{(r_{k|k-1}^{(i)},\ p_{k|k-1}^{(i)})\}_{i=1}^{M_{k|k-1}} \tag{2-39}$$

更新步骤： 若 k 时刻多目标预测概率密度为(2-39)式，则 k 时刻后验概率密度可以表示为

$$\pi_k \approx \{(r_{L,k}^{(i)}, p_{L,k}^{(i)})\}_{i=1}^{M_{k|k-1}} \cup \{(r_{U,k}(\boldsymbol{z}), p_{U,k}(\cdot;\boldsymbol{z}))\}_{\boldsymbol{z}\in \boldsymbol{Z}_k} \tag{2-40}$$

其中，下标“L”用来代表漏检，下标“U”用来代表量测更新。漏检部分可以表示为

$$r_{L,k}^{(i)} = r_{k|k-1}^{(i)} \frac{1-\langle p_{k|k-1}^{(i)}, p_{D,k}\rangle}{1-r_{k|k-1}^{(i)}\langle p_{k|k-1}^{(i)}, p_{D,k}\rangle} \tag{2-41}$$

$$p_{L,k}^{(i)}(\boldsymbol{x}) = p_{k|k-1}^{(i)}(\boldsymbol{x}) \frac{1-p_{D,k}(\boldsymbol{x})}{1-\langle p_{k|k-1}^{(i)}, p_{D,k}\rangle} \tag{2-42}$$

量测更新部分可以表示为

$$r_{U,k}(\boldsymbol{z}) = \frac{\displaystyle\sum_{i=1}^{M_{k|k-1}} \frac{r_{k|k-1}^{(i)}(1-r_{k|k-1}^{(i)})\langle p_{k|k-1}^{(i)}, \psi_{k,z}\rangle}{(1-r_{k|k-1}^{(i)}\langle p_{k|k-1}^{(i)}, p_{D,k}\rangle)^2}}{\displaystyle\kappa_k(\boldsymbol{z}) + \sum_{i=1}^{M_{k|k-1}} \frac{r_{k|k-1}^{(i)}\langle p_{k|k-1}^{(i)}, \psi_{k,z}\rangle}{1-r_{k|k-1}^{(i)}\langle p_{k|k-1}^{(i)}, p_{D,k}\rangle}} \tag{2-43}$$

$$p_{U,k}(\boldsymbol{x};\boldsymbol{z}) = \frac{\displaystyle\sum_{i=1}^{M_{k|k-1}} \frac{r_{k|k-1}^{(i)}}{1-r_{k|k-1}^{(i)}} p_{k|k-1}^{(i)}(\boldsymbol{x})\psi_{k,z}(\boldsymbol{x})}{\displaystyle\sum_{i=1}^{M_{k|k-1}} \frac{r_{k|k-1}^{(i)}}{1-r_{k|k-1}^{(i)}}\langle p_{k|k-1}^{(i)}, \psi_{k,z}\rangle} \tag{2-44}$$

$$\psi_{k,z}(\boldsymbol{x}) = g_k(\boldsymbol{z}|\boldsymbol{x})p_{D,k}(\boldsymbol{x}) \tag{2-45}$$

其中，$g_k(\cdot|\boldsymbol{x})$为量测似然，$\kappa_k(\cdot)$为杂波密度。

2.4 多目标跟踪算法评价准则

在单目标跟踪中，通常使用目标估计状态和真实状态的马氏或欧式距离来评价算法的跟踪精度。然而，在 RFS 理论下的多目标跟踪中，目标状态转为目标状态 RFS，需要同时对状态估计误差和目标数估计误差综合评价。目前，RFS-MTT 中现有的评价准则主要有 Wasserstein 距离[188]、Hausdorff 距离[189]和最优子模式分配(Optimal Subpattern Assignment，OSPA)距离[190]。其中，OSPA 距离最为常用，介绍如下：

定义向量 $\boldsymbol{x}$ 和 $\boldsymbol{y}$ 间的距离为

$$d_{\underline{c}}(\boldsymbol{x}, \boldsymbol{y}) = \min(\underline{c}, \|\boldsymbol{x}, \boldsymbol{y}\|) \tag{2-46}$$

其中，$\underline{c}$ 为大于 0 的截止点。

那么，RFS $\boldsymbol{X}=\{\boldsymbol{x}_1, \cdots, \boldsymbol{x}_m\}$ 和 $\boldsymbol{Y}=\{\boldsymbol{y}_1, \cdots, \boldsymbol{y}_n\}$ 间的 p 阶 OSPA 距离可以表示为：

当 $1\leqslant p<\infty$ 时，

$$d_{p,\underline{c}}(\boldsymbol{X},\boldsymbol{Y})=\begin{cases}0, & m=n=0\\ \left(\dfrac{1}{n}\left(\min\limits_{\pi\in\Pi_n}\sum\limits_{i=1}^{m}d_{\underline{c}}(\boldsymbol{x}_i,\boldsymbol{y}_{\pi(i)})^p+c^p(n-m)\right)\right)^{\frac{1}{p}} & m\leqslant n\\ d_{p,\underline{c}}(\boldsymbol{X},\boldsymbol{Y}), & m>n\end{cases} \tag{2-47}$$

当 $p>\infty$ 时，

$$d_{p,\underline{c}}(\boldsymbol{X},\boldsymbol{Y})=\begin{cases}0, & m=n=0\\ \min\limits_{\pi\in\Pi_n}\max\limits_{1\leqslant i\leqslant n}\sum\limits_{i=1}^{m}d_{\underline{c}}(\boldsymbol{x}_i,\boldsymbol{y}_{\pi(i)}), & m\leqslant n\\ \underline{c}, & m>n\end{cases} \tag{2-48}$$

其中，Π_n 为集合 $\{1, 2, \cdots, n\}$ 的排列组合集，$\pi(i)$ 为 Π_n 中第 π 个排列组合的第 i 个数。截止点 $\underline{c}$ 和阶数 p 是 OSPA 距离中的关键参数，其中，$\underline{c}$ 体现势误差惩罚程度，p 体现对异常值的敏感度。

OSPA 距离可以有效地综合评价目标势误差和 RFS 中的状态估计误差。因此，在本书的后续研究中，主要采用 OSPA 距离作为 RFS-MTT 算法的评价准则。

本章小结

本章首先简要介绍了 RFS 基础理论，在此基础上介绍了基于 RFS 理论的多目标跟踪滤波方法，包括 RFS 贝叶斯滤波中最为常见的三种跟踪算法，即 PHD 滤波、CPHD 滤波和 CBMeMBer 滤波。最后，介绍了 OSPA 距离评价准则，它可以同时评价目标数目估计和目标状态跟踪精度，为后续研究奠定了理论基础。

第 3 章　未知新生密度多目标跟踪方法

3.1 引　　言

在多目标跟踪系统中，对背景信息的准确建模是目标跟踪的重要先决条件，而对目标新生位置的建模是其中的关键。“目标新生”是指在当前采样时刻观测区域有新目标出现，其在贝叶斯滤波过程中的模型以目标新生强度的形式表现，并参与每一采样时刻的预测与更新。目标新生强度由两部分组成，即目标新生密度和目标新生概率。其中，新生密度用于衡量目标在观测空间中可能出现的位置分布，而新生概率则是对应于新生密度的权值，可以理解为新生目标的目标数估计。在实际应用中，目标出现的自发性与随机性，导致目标新生信息的实时获取变得非常困难，从而给背景信息的准确建模带来了巨大的挑战。

迄今为止，大部分基于贝叶斯框架的滤波方法均假设目标新生信息是先验已知的，即假定目标只会出现在预设区域，如机场、观测边缘等。然而，当先验信息难以获得或与实际情况不相符时，会导致新生目标完全失跟。针对这一情况，Ba-Ngu Vo 等人提出了一种基于 PHD 滤波的新生密度未知算法[160]，该算法将新生目标和存活目标分为两个部分，并分别对这两者进行预测和更新，同时采用当前时刻的量测信息对目标新生密度进行自适应建模，从而避免了对目标新生位置的先验要求。然而，该方法仅针对目标新生密度进行了改进，对目标的新生概率依然采用了最为简单的平均分配模式。此外，与标准 PHD 滤波相同，该方法需要联合输出多目标后验概率强度，并且在粒子实现中需要聚类算法提取估计状态。

针对上述问题，本章介绍了一种改进的未知新生强度模型并将其应用于

CBMeMBer 滤波中。该模型利用预测步骤后的存活目标信息构造下一时刻新生目标的概率分配函数，并通过该函数决定各个目标新生分量权重，从而完成对目标新生密度和新生概率的实时建模。此外，本方法结合 CBMeMBer 滤波的固有特征，将后验概率密度中的每一个多伯努利分量看作潜在的完整轨迹分量，并且在粒子实现中不需要额外的状态提取聚类。为了便于工程应用，本章针对线性和非线性模型，分别推导了算法的高斯混合实现和粒子实现。

3.2 未知新生密度概率假设密度滤波

在 2.3.1 小节式(2-23)中，目标的新生模型 $\gamma_k(\boldsymbol{x})$先验已知且与传感器量测相互独立。如果目标可以在任何时刻出现在观测区域的任意位置，那么要保证滤波算法有效的先决条件是该具有先验固定信息的模型必须包含足够多的新生分量以完全覆盖整个量测空间。这样做显然非常低效且不够准确，无较大实际意义。假设当前时刻的传感器量测集为 $\boldsymbol{Z}_k$，目标的新生模型可以表现为另一种形式 $\gamma_{k|k-1}(\boldsymbol{x}|\boldsymbol{Z}_k)$，该形式下的模型不需要对目标的新生位置作出先验假设，而是通过覆盖量测似然函数 $g_k(\boldsymbol{z}_k^{(i)}|\boldsymbol{x})$，$i=1,\cdots,|\boldsymbol{Z}_k|$取值较大的观测区域，即量测值附近区域，来对目标新生密度进行建模。为使该模型有效，需要将 PHD 滤波算法拓展为并行结构。

将一维标签信息 β 引入式和中的状态向量 $\boldsymbol{x}$，可以得到增广状态向量 $\boldsymbol{y}=(\boldsymbol{x},\beta)$，其中 β 用以区分新生和存活目标，具体形式为

$$\beta=\begin{cases}0, & \text{存活目标}\\ 1, & \text{新生目标}\end{cases} \tag{3-1}$$

因此，新生强度 $\gamma_{k|k-1}(\boldsymbol{y}|\boldsymbol{Z}_k)$可表示为

$$\gamma_{k|k-1}(\boldsymbol{y}|\boldsymbol{Z}_k)=\gamma_{k|k-1}(\boldsymbol{x},\beta|\boldsymbol{Z}_k)=\begin{cases}\gamma_{k|k-1}(\boldsymbol{x}|\boldsymbol{Z}_k), & \beta=1\\ 0, & \beta=0\end{cases} \tag{3-2}$$

由于一个新生目标可以在下一时刻变为存活目标，而存活目标却无法转变为新生目标，所以标签 β 只能从 1 变为 0，而不能从 0 变为 1。在这种情况下，目标的状态转移函数可以表示为

$$\begin{aligned}f_{k|k-1}(\boldsymbol{y}|\boldsymbol{y}')&=f_{k|k-1}(\boldsymbol{x},\beta|\boldsymbol{x}',\beta')\\&=f_{k|k-1}(\boldsymbol{x}|\boldsymbol{x}')f_{k|k-1}(\beta|\beta')\end{aligned} \tag{3-3}$$

其中

$$f_{k|k-1}(\beta|\beta')=\begin{cases}0, & \beta=1\\ 1, & \beta=0\end{cases} \tag{3-4}$$

由于目标的存在概率不受新生标签的影响，故有

$$p_{S,k}(\boldsymbol{y})=p_{S,k}(\boldsymbol{x},\beta)=p_{S,k}(\boldsymbol{x}) \tag{3-5}$$

因此，增广状态向量下目标的 PHD 预测公式可以表示为

$$\begin{aligned}&D_{k|k-1}(\boldsymbol{x},\beta)\\&=\gamma_{k|k-1}(\boldsymbol{x},\beta\mid \boldsymbol{Z}_k)+\\&\sum_{\beta'=0}^{1}\int D_{k-1|k-1}(\boldsymbol{x}',\beta')p_{S,k}(\boldsymbol{x}',\beta')f_{k|k-1}(\boldsymbol{x},\beta\mid \boldsymbol{x}',\beta')\mathrm{d}\boldsymbol{x}'\end{aligned} \tag{3-6}$$

将式(3-2)～(3-5)带入式(3-6)，可以得到新的 PHD 预测公式：

$$D_{k|k-1}(\boldsymbol{x},\beta)=\begin{cases}\gamma_{k|k-1}(\boldsymbol{x}|\boldsymbol{Z}_k), & \beta=1\\ \langle D_{k-1|k-1}(\cdot,1)+D_{k-1|k-1}(\cdot,0), & \\ p_{S,k}(\cdot)f_{k|k-1}(\boldsymbol{x}|\cdot)\rangle, & \beta=0\end{cases} \tag{3-7}$$

由于新生强度 $\gamma_{k|k-1}(\boldsymbol{x}|\boldsymbol{Z}_k)$ 是根据当前时刻量测集产生的，因此在算法的更新过程中，关于新生目标的检测概率设定为 1，从而检测概率可表示为

$$p_{D,k}(\boldsymbol{y})=p_{D,k}(\boldsymbol{x},\beta)=\begin{cases}1, & \beta=1\\ p_{D,k}(\boldsymbol{x}), & \beta=0\end{cases} \tag{3-8}$$

由于传感器量测同样独立于目标新生状况，因此有

$$g_k(\boldsymbol{z}|\boldsymbol{y})=g_k(\boldsymbol{z}|\boldsymbol{x},\beta)=g_k(\boldsymbol{z}|\boldsymbol{x}) \tag{3-9}$$

增广状态向量下目标的 PHD 更新公式可以表示为

$$\begin{aligned}&D_{k|k}(\boldsymbol{x},\beta)\\&=[1-p_{D,k}(\boldsymbol{x},\beta)]D_{k|k-1}(\boldsymbol{x},\beta)+\\&\sum_{\boldsymbol{z}\in \boldsymbol{Z}_k}\frac{p_{D,k}(\boldsymbol{x},\beta)g_k(\boldsymbol{z}\mid \boldsymbol{x},\beta)D_{k|k-1}(\boldsymbol{x},\beta)}{\kappa_k(\boldsymbol{z})+\sum_{\beta=0}^{1}\langle p_{D,k}(\cdot,\beta)g_k(\boldsymbol{z}\mid\cdot,\beta),D_{k|k-1}(\cdot,\beta)\rangle}\end{aligned} \tag{3-10}$$

通过式(3-8)和式(3-9)，可以分别得到存活目标($\beta=0$)更新公式和新生目标($\beta=1$)更新公式：

$$\begin{aligned}&D_{k|k}(\boldsymbol{x},0)\\&=[1-p_{D,k}(\boldsymbol{x})]D_{k|k-1}(\boldsymbol{x},0)+\\&\sum_{\boldsymbol{z}\in \boldsymbol{Z}_k}\frac{p_{D,k}(\boldsymbol{x})g_k(\boldsymbol{z}\mid \boldsymbol{x})D_{k|k-1}(\boldsymbol{x},0)}{\kappa_k(\boldsymbol{z})+\langle g_k(\boldsymbol{z}\mid\cdot),\gamma_{k|k-1}(\cdot\mid \boldsymbol{Z}_k)\rangle+\langle p_{D,k}(\cdot)g_k(\boldsymbol{z}\mid\cdot),D_{k|k-1}(\cdot,0)\rangle}\end{aligned} \tag{3-11}$$

$$D_{k|k}(\boldsymbol{x},1)=\sum_{\boldsymbol{z}\in\boldsymbol{Z}_k}\frac{g_k(\boldsymbol{z}\mid\boldsymbol{x})\gamma_{k|k-1}(\boldsymbol{x}\mid\boldsymbol{Z}_k)}{\kappa_k(\boldsymbol{z})+\langle g_k(\boldsymbol{z}\mid\cdot),\gamma_{k|k-1}(\cdot\mid\boldsymbol{Z}_k)\rangle+\langle p_{D,k}(\cdot)g_k(\boldsymbol{z}\mid\cdot),D_{k|k-1}(\cdot,0)\rangle}\tag{3-12}$$

该递归计算能够很好地匹配当前时刻由量测驱动的目标新生模型。其中，(3－7)式为预测步骤，式(3－11)和式(3－12)为更新步骤。在预测和更新步骤中，分别对新生目标和存活目标进行运算，此二者的 PHD 强度函数在下一时刻滤波中应同时出现在 $\beta=0$ 情况下的预测公式中。此外，在每一时刻滤波结束后，可以通过式(3－11)提取目标的估计状态。

3.3 未知新生密度势均衡多伯努利滤波

在上节所述的滤波算法中，新生模型 $\gamma_{k|k-1}(\boldsymbol{y}|\boldsymbol{Z}_k)$ 由当前时刻量测集 $\boldsymbol{Z}_k$ 建模产生。该模型仅考虑了目标新生空间区域的覆盖问题，而没有进一步考虑相应的目标新生概率分配问题。本节在上文未知新生密度模型的基础上，根据存活目标预测信息构建分配函数，从而对目标新生概率进行更为准确的建模，并基于此模型重新推导了 CBMeMBer 滤波。针对线性空间，本节给出了推导未知新生密度 CBMeMBer 滤波的 GM 实现；针对非线性空间，给出了其 SMC 实现。

3.3.1 算法原理

在标准 CBMeMBer 滤波公式即式(2－36)中，目标的新生强度 $\{(r_{\Gamma,k}^{(i)},p_{\Gamma,k}^{(i)})\}_{i=1}^{M_{\Gamma,k}}$ 服从多伯努利分布。其中，目标新生密度 $p_{\Gamma,k}^{(i)}(i=1,\cdots,M_{\Gamma,k})$ 先验已知，且独立于传感器量测，相应的目标新生概率 $r_{\Gamma,k}^{(i)}(i=1,\cdots,M_{\Gamma,k})$ 通常设为常数 $B_{\Gamma,k}/M_{\Gamma,k}$。其中，$B_{\Gamma,k}$ 表示目标新生的期望数。

在改进的 CBMeMBer 滤波中，依然利用当前时刻的量测集建模目标新生密度，目标新生密度分量符合高斯分布。而目标新生概率则通过分配函数进行更为准确的分配。与标准 CBMeMBer 滤波相同，下标“Γ”和“P”分别用来区分目标新生和目标存活，“Γ”表示目标新生，“P”表示目标存活。

1. 预测步骤

假设 $k-1$ 时刻 CBMeMBer 滤波的后验概率密度以多伯努利分布的形式

表示为

$$\pi_{k-1}=\{(r_{k-1}^{(i)},\ p_{k-1}^{(i)})\}_{i=1}^{M_{k-1}}=\{(r_{P,\,k-1}^{(i)},\ p_{P,\,k-1}^{(i)})\}_{i=1}^{M_{P,\,k-1}}\cup\{(r_{\Gamma,\,k-1}^{(i)},\ p_{\Gamma,\,k-1}^{(i)})\}_{i=1}^{M_{\Gamma,\,k-1}} \tag{3-13}$$

其中，$\{(r_{P,\,k-1}^{(i)},\ p_{P,\,k-1}^{(i)})\}_{i=1}^{M_{P,\,k-1}}$ 和 $\{(r_{\Gamma,\,k-1}^{(i)},\ p_{\Gamma,\,k-1}^{(i)})\}_{i=1}^{M_{\Gamma,\,k-1}}$ 分别表示 $k-1$ 时刻存活目标和新生目标的后验概率密度。

存活目标的预测概率密度与标准 CBMeMBer 滤波相似，可以表示为

$$\pi_{P,\,k|k-1}=\{(r_{P,\,k|k-1}^{(i)},\ p_{P,\,k|k-1}^{(i)})\}_{i=1}^{M_{P,\,k|k-1}} \tag{3-14}$$

其中，

$$r_{P,\,k|k-1}^{(i)}=r_{k-1}^{(i)}\langle p_{k-1}^{(i)},\ p_{S,\,k}\rangle \tag{3-15}$$

$$p_{P,\,k|k-1}^{(i)}(\boldsymbol{x})=\frac{\langle f_{k|k-1}(\boldsymbol{x}\mid\cdot),\ p_{k-1}^{(i)}p_{S,\,k}\rangle}{\langle p_{k-1}^{(i)},\ p_{S,\,k}\rangle} \tag{3-16}$$

新生目标的预测概率密度可以表示为

$$\pi_{\Gamma,\,k|k-1}=\{(r_{\Gamma,\,k|k-1}^{(i)}(\boldsymbol{z}),\ p_{\Gamma,\,k|k-1}^{(i)}(\boldsymbol{x}\mid\boldsymbol{z}))\}_{i=1}^{|\boldsymbol{Z}_k|} \tag{3-17}$$

其中，目标新生密度 $p_{\Gamma,\,k|k-1}(\boldsymbol{x}\mid\boldsymbol{z})$ 由当前时刻量测 $\boldsymbol{z}$ 产生，目标新生概率由分配函数决定，可以表示为

$$r_{\Gamma,\,k|k-1}(\boldsymbol{z})=\min\left(r_{\Gamma,\,\max},\ \left(\frac{1-G_k(\boldsymbol{z})}{\sum\limits_{\boldsymbol{z}'\in\boldsymbol{Z}_k}(1-G_k(\boldsymbol{z}'))}\right)\cdot B_{\Gamma,\,k}\right) \tag{3-18}$$

函数 $G_k(\boldsymbol{z})$ 是 $r_{\Gamma,\,k|k-1}(\boldsymbol{z})$ 的核心组成部分，其可以理解为一个概率参数，用于衡量量测对应于存活目标的可能性，具体形式为

$$G_k(\boldsymbol{z})=\frac{\sum\limits_{i=1}^{M_{P,\,k|k-1}}\dfrac{r_{P,\,k|k-1}^{(i)}(1-r_{P,\,k|k-1}^{(i)})\langle p_{P,\,k|k-1}^{(i)},\ \psi_{k,\,z}\rangle}{(1-r_{P,\,k|k-1}^{(i)}\langle p_{P,\,k|k-1}^{(i)},\ p_{D,\,k}\rangle)^2}}{\kappa_k(\boldsymbol{z})+\sum\limits_{i=1}^{M_{P,\,k|k-1}}\dfrac{r_{P,\,k|k-1}^{(i)}\langle p_{P,\,k|k-1}^{(i)},\ \psi_{k,\,z}\rangle}{1-r_{P,\,k|k-1}^{(i)}\langle p_{P,\,k|k-1}^{(i)},\ p_{D,\,k}\rangle}} \tag{3-19}$$

其中，$\psi_{k,\,z}$ 用式(2-45)表示。

当 $G_k(\boldsymbol{z})$ 的值较大时，表示相应的量测有较大的可能性对应于一个存活目标，因此相应的新生概率 $r_{\Gamma,\,k|k-1}(\boldsymbol{z})$ 通过分配函数得到较小的权值分配。$r_{\Gamma,\,\max}$ 表示单一伯努利新生分量所能分配的最大权值，它可以保证即使在目标新生的期望数目 $B_{\Gamma,\,k}>1$ 时，新生概率依然可以得到较为合适的权值。新生目标的总期望服从下式：

$$\sum_{\boldsymbol{z}'\in\boldsymbol{Z}_k}r_{\Gamma,\,k|k-1}(\boldsymbol{z}')\leqslant B_{\Gamma,\,k} \tag{3-20}$$

2. 更新步骤

由于目标新生密度由量测驱动，在更新步骤中对于新生目标的检测概率应与目标的检测概率不同，它可以表示为 $p_{\Gamma D,k}(\boldsymbol{x})=1$。

存活目标的后验概率密度可以表示为

$$\pi_{P,k}=\{(r_{PL,k}^{(i)},\ p_{PL,k}^{(i)})\}_{i=1}^{M_{P,k|k-1}}\cup\{(r_{PU,k}(\boldsymbol{z}),\ p_{PU,k}(\cdot;\boldsymbol{z}))\}_{\boldsymbol{z}\in \boldsymbol{Z}_k} \tag{3-21}$$

其中，漏检的后验概率密度与标准 CBMeMBer 滤波中的漏检后验密度具有相似的形式，具体表示为

$$r_{PL,k}^{(i)}=r_{P,k|k-1}^{(i)}\frac{1-\langle p_{P,k|k-1}^{(i)},\ p_{D,k}\rangle}{1-r_{P,k|k-1}^{(i)}\langle p_{P,k|k-1}^{(i)},\ p_{D,k}\rangle} \tag{3-22}$$

$$p_{PL,k}^{(i)}(\boldsymbol{x})=p_{P,k|k-1}^{(i)}(\boldsymbol{x})\frac{1-p_{D,k}(\boldsymbol{x})}{1-\langle p_{P,k|k-1}^{(i)},\ p_{D,k}\rangle} \tag{3-23}$$

同样，量测更新后验概率密度可以表示为

$$r_{PU,k}(\boldsymbol{z})=\frac{\sum_{i=1}^{M_{P,k|k-1}}\hat{r}_{PU,k}^{(i)}(\boldsymbol{z})}{\kappa_k(\boldsymbol{z})+\tilde{r}_{PU,k}(\boldsymbol{z})+\tilde{r}_{\Gamma U,k}(\boldsymbol{z})} \tag{3-24}$$

$$p_{PU,k}(\boldsymbol{x};\ \boldsymbol{z})=\frac{\sum_{i=1}^{M_{P,k|k-1}}\hat{p}_{PU,k}^{(i)}(\boldsymbol{x};\ \boldsymbol{z})}{\tilde{p}_{PU,k}(\boldsymbol{z})+\tilde{p}_{\Gamma U,k}(\boldsymbol{z})} \tag{3-25}$$

其中

$$\hat{r}_{PU,k}^{(i)}(\boldsymbol{z})=\frac{r_{P,k|k-1}^{(i)}(1-r_{P,k|k-1}^{(i)})\langle p_{P,k|k-1}^{(i)},\ \psi_{k,z}\rangle}{(1-r_{P,k|k-1}^{(i)}\langle p_{P,k|k-1}^{(i)},\ p_{D,k}\rangle)^2} \tag{3-26}$$

$$\tilde{r}_{PU,k}(\boldsymbol{z})=\sum_{i=1}^{M_{P,k|k-1}}\frac{r_{P,k|k-1}^{(i)}\langle p_{P,k|k-1}^{(i)},\ \psi_{k,z}\rangle}{1-r_{P,k|k-1}^{(i)}\langle p_{P,k|k-1}^{(i)},\ p_{D,k}\rangle} \tag{3-27}$$

$$\tilde{r}_{\Gamma U,k}(\boldsymbol{z})=\sum_{i=1}^{|Z_k|}\frac{r_{\Gamma,k|k-1}^{(i)}\langle p_{\Gamma,k|k-1}^{(i)},\ g_k(\boldsymbol{z}\mid\cdot)\rangle}{1-r_{\Gamma,k|k-1}^{(i)}\langle p_{\Gamma,k|k-1}^{(i)},\ 1\rangle} \tag{3-28}$$

$$\hat{p}_{PU,k}^{(i)}(\boldsymbol{x};\ \boldsymbol{z})=\frac{r_{P,k|k-1}^{(i)}}{1-r_{P,k|k-1}^{(i)}}p_{P,k|k-1}^{(i)}(\boldsymbol{x})\psi_{k,z}(\boldsymbol{x}) \tag{3-29}$$

$$\tilde{p}_{PU,k}(\boldsymbol{z})=\sum_{i=1}^{M_{P,k|k-1}}\frac{r_{P,k|k-1}^{(i)}}{1-r_{P,k|k-1}^{(i)}}\langle p_{P,k|k-1}^{(i)},\ \psi_{k,z}\rangle \tag{3-30}$$

$$\tilde{p}_{\Gamma U,k}(\boldsymbol{z})=\sum_{i=1}^{|Z_k|}\frac{r_{\Gamma,k|k-1}^{(i)}}{1-r_{\Gamma,k|k-1}^{(i)}}\langle p_{\Gamma,k|k-1}^{(i)},\ g_k(\boldsymbol{z}\mid\cdot)\rangle \tag{3-31}$$

由于新生目标的检测概率应设定为 $p_{\Gamma D,k}(\boldsymbol{x})=1$，因此，新生目标的后验概率密度不包含漏检概率密度，其表示形式为

$$\pi_{\Gamma,k}=\{(r_{\Gamma U,k}(\boldsymbol{z}),\ p_{\Gamma U,k}(\cdot;\ \boldsymbol{z}))\}_{z\in Z_k} \tag{3-32}$$

其中

$$r_{\Gamma U,k}(\boldsymbol{z})=\frac{\sum_{i=1}^{|Z_k|}\hat{r}_{\Gamma U,k}^{(i)}(\boldsymbol{z})}{\kappa_k(\boldsymbol{z})+\tilde{r}_{PU,k}(\boldsymbol{z})+\tilde{r}_{\Gamma U,k}(\boldsymbol{z})} \tag{3-33}$$

$$p_{\Gamma U,k}(\boldsymbol{x};\ \boldsymbol{z})=\frac{\sum_{i=1}^{|\boldsymbol{Z}_k|}\hat{p}_{\Gamma U,k}^{(i)}(\boldsymbol{x};\ \boldsymbol{z})}{\tilde{p}_{PU,k}(\boldsymbol{z})+\tilde{p}_{\Gamma U,k}(\boldsymbol{z})} \tag{3-34}$$

并且

$$\hat{r}_{\Gamma U,k}^{(i)}(\boldsymbol{z})=\frac{r_{\Gamma,k|k-1}^{(i)}(1-r_{\Gamma,k|k-1}^{(i)})\langle p_{\Gamma,k|k-1}^{(i)},\ g_k(\boldsymbol{z}\mid\cdot)\rangle}{(1-r_{\Gamma,k|k-1}^{(i)}\langle p_{\Gamma,k|k-1}^{(i)},\ 1\rangle)^2} \tag{3-35}$$

$$\hat{p}_{\Gamma U,k}^{(i)}(\boldsymbol{x};\ \boldsymbol{z})=\frac{r_{\Gamma,k|k-1}^{(i)}}{1-r_{\Gamma,k|k-1}^{(i)}}p_{\Gamma,k|k-1}^{(i)}(\boldsymbol{x})g_k(\boldsymbol{z}\mid\boldsymbol{x}) \tag{3-36}$$

该递归计算将存活目标和新生目标分开考虑，可以很好地适应改进的未知新生模型。式(3-13)将新生和存活目标的后验密度整合，式(3-14)和式(3-17)表示目标的预测过程，式(3-21)和式(3-32)表示目标的更新过程，其中，式(3-21)是最终输出的滤波结果。如果将此改进的新生模型直接应用于标准 CBMeMBer 滤波中，则很难区分杂波和新生目标，进而导致更新结果出错。

相较于标准 CBMeMBer 滤波，本节介绍的 CBMeMBer 滤波由于引入了改进的未知新生强度模型，在不同的检测概率下具有更好的稳定性。这是因为在低检测概率环境下，目标可能会发生连续漏检，当传感器重新获得此目标的量测时，标准 CBMeMBer 滤波已经完全失跟，但由于未知新生强度模型中包含了匹配的量测信息，此改进的 CBMeMBer 滤波在连续漏检发生后仍然可以以捕捉新生的形式重新跟踪丢失的目标。

3.3.2 高斯混合实现

针对线性的状态转移模型和量测模型，本小节给出改进的未知新生密度 CBMeMBer 滤波的 GM 实现。目标的状态转移函数和量测似然函数分别为

$$f_{k|k-1}(\boldsymbol{x}\mid\boldsymbol{\zeta})=N(\boldsymbol{x};\ \boldsymbol{F}_{k-1}\boldsymbol{\zeta},\ \boldsymbol{Q}_{k-1}) \tag{3-37}$$

$$g_k(\boldsymbol{z}\mid\boldsymbol{x})=N(\boldsymbol{z};\ \boldsymbol{H}_k\boldsymbol{x},\ \boldsymbol{R}_k) \tag{3-38}$$

其中，$N(\cdot;\boldsymbol{m},\boldsymbol{P})$表示均值为$\boldsymbol{m}$、协方差为$\boldsymbol{P}$的高斯分布，$\boldsymbol{F}_{k-1}$表示目标的状态转移矩阵，$\boldsymbol{Q}_{k-1}$为过程噪声协方差矩阵，$\boldsymbol{H}_k$为量测矩阵，$\boldsymbol{R}_k$为量测噪声协方差矩阵。假设存在概率和检测概率均与目标状态无关，即

$$p_{S,k}(\boldsymbol{x})=p_{S,k} \tag{3-39}$$

$$p_{D,k}(\boldsymbol{x})=p_{D,k} \tag{3-40}$$

1. 预测步骤

$k-1$时刻存活目标和新生目标的后验概率密度分别为$\pi_{P,k-1}=\{(r_{P,k-1}^{(i)},p_{P,k-1}^{(i)})\}_{i=1}^{M_{P,k-1}}$和$\pi_{\Gamma,k-1}=\{(r_{\Gamma,k-1}^{(i)},p_{\Gamma,k-1}^{(i)})\}_{i=1}^{M_{\Gamma,k-1}}$。密度函数$p_{P,k-1}^{(i)}$，$i=1,\cdots,M_{P,k-1}$和$p_{\Gamma,k-1}^{(i)}$，$i=1,\cdots,M_{\Gamma,k-1}$表示为高斯混合形式

$$p_{P,k-1}^{(i)}(\boldsymbol{x})=\sum_{j=1}^{J_{P,k-1}^{(i)}}w_{P,k-1}^{(i,j)}N(\boldsymbol{x};\boldsymbol{m}_{P,k-1}^{(i,j)},\boldsymbol{P}_{P,k-1}^{(i,j)}) \tag{3-41}$$

$$p_{\Gamma,k-1}^{(i)}(\boldsymbol{x})=\sum_{j=1}^{J_{\Gamma,k-1}^{(i)}}w_{\Gamma,k-1}^{(i,j)}N(\boldsymbol{x};\boldsymbol{m}_{\Gamma,k-1}^{(i,j)},\boldsymbol{P}_{\Gamma,k-1}^{(i,j)}) \tag{3-42}$$

其中，$J_{P,k-1}^{(i)}$和$J_{\Gamma,k-1}^{(i)}$分别为存活目标和新生目标的高斯项数。在预测开始之前，需要将密度函数$\pi_{P,k-1}$和$\pi_{\Gamma,k-1}$合并，如式(3-13)所示，其中

$$p_{k-1}^{(i)}(\boldsymbol{x})=\sum_{j=1}^{J_{k-1}^{(i)}}w_{k-1}^{(i,j)}N(\boldsymbol{x};\boldsymbol{m}_{k-1}^{(i,j)},\boldsymbol{P}_{k-1}^{(i,j)}) \tag{3-43}$$

存活目标的预测多伯努利概率密度$\pi_{P,k|k-1}=\{(r_{P,k|k-1}^{(i)},p_{P,k|k-1}^{(i)})\}_{i=1}^{M_{P,k|k-1}}$可以表示为

$$r_{P,k|k-1}^{(i)}=r_{k-1}^{(i)}p_{S,k} \tag{3-44}$$

$$p_{P,k|k-1}^{(i)}(\boldsymbol{x})=\sum_{j=1}^{J_{k-1}^{(i)}}w_{k-1}^{(i,j)}N(\boldsymbol{x};\boldsymbol{m}_{P,k|k-1}^{(i,j)},\boldsymbol{P}_{P,k|k-1}^{(i,j)}) \tag{3-45}$$

其中

$$\boldsymbol{m}_{P,k|k-1}^{(i,j)}=\boldsymbol{F}_{k-1}\boldsymbol{m}_{k-1}^{(i,j)} \tag{3-46}$$

$$\boldsymbol{P}_{P,k|k-1}^{(i,j)}=\boldsymbol{Q}_{k-1}+\boldsymbol{F}_{k-1}\boldsymbol{P}_{k-1}^{(i,j)}\boldsymbol{F}_{k-1}^{\mathrm{T}} \tag{3-47}$$

新生目标的预测多伯努利概率密度$\pi_{\Gamma,k|k-1}=\{(r_{\Gamma,k|k-1}^{(i)}(\boldsymbol{z}),p_{\Gamma,k|k-1}^{(i)}(\boldsymbol{x}|\boldsymbol{z}))\}_{i=1}^{|\boldsymbol{Z}_k|}$由新生概率和新生密度表示。在新生概率$r_{\Gamma,k|k-1}^{(i)}(\boldsymbol{z})$中，函数$G_k(\boldsymbol{z})$可以表示为

$$G_k(\boldsymbol{z})=\frac{\displaystyle\sum_{i=1}^{|\boldsymbol{Z}_k|}\frac{r_{\Gamma,k|k-1}^{(i)}(1-r_{\Gamma,k|k-1}^{(i)})\rho_{\Gamma U,k}^{(i)}(\boldsymbol{z})}{(1-r_{\Gamma,k|k-1}^{(i)})^2}}{\displaystyle\kappa_k(\boldsymbol{z})+\sum_{i=1}^{M_{P,k|k-1}}\frac{r_{P,k|k-1}^{(i)}\rho_{PU,k}^{(i)}(\boldsymbol{z})}{1-r_{P,k|k-1}^{(i)}p_{D,k}}} \tag{3-48}$$

其中

$$\rho_{PU,k}^{(i)}(\boldsymbol{z})=p_{D,k}\sum_{j=1}^{J_{k-1}^{(i)}}w_{k-1}^{(i,j)}N(\boldsymbol{z};\boldsymbol{H}_k\boldsymbol{m}_{P,k|k-1}^{(i,j)},\boldsymbol{H}_k\boldsymbol{P}_{P,k|k-1}^{(i,j)}\boldsymbol{H}_k^{\mathrm{T}}+\boldsymbol{R}_k) \tag{3-49}$$

$$\rho_{\Gamma U,k}^{(i)}(\boldsymbol{z})=N(\boldsymbol{z};\boldsymbol{H}_k\boldsymbol{m}_{\Gamma,k|k-1}^{(i)},\boldsymbol{H}_k\boldsymbol{P}_{\Gamma,k|k-1}^{(i)}\boldsymbol{H}_k^{\mathrm{T}}+\boldsymbol{R}_k) \tag{3-50}$$

新生密度 $p_{\Gamma,k|k-1}^{(i)}(\boldsymbol{x}|\boldsymbol{z})$可以表示为

$$p_{\Gamma,k|k-1}^{(i)}(\boldsymbol{x}|\boldsymbol{z})=N(\boldsymbol{x};\boldsymbol{m}_{\Gamma,k|k-1}^{(i)},\boldsymbol{P}_{\Gamma,k|k-1}^{(i)}) \tag{3-51}$$

$$\boldsymbol{m}_{\Gamma,k|k-1}^{(i)}=\boldsymbol{h}^{-1}\boldsymbol{z} \tag{3-52}$$

$$\boldsymbol{P}_{\Gamma,k|k-1}^{(i)}=\boldsymbol{h}\boldsymbol{R}_k\boldsymbol{h}^{\mathrm{T}} \tag{3-53}$$

其中，$\boldsymbol{h}^{-1}$ 为根据量测转移矩阵 $\boldsymbol{H}_k$ 得到的一个广义逆矩阵，此广义逆矩阵仅处理与传感器相关的状态分量，其余分量的处理在 $\boldsymbol{h}^{-1}$ 中先验设定。

2. 更新步骤

$\pi_{P,k}=\{(r_{PL,k}^{(i)},p_{PL,k}^{(i)})\}_{i=1}^{M_{P,k|k-1}}\cup\{(r_{PU,k}(\boldsymbol{z}),p_{PU,k}(\cdot;\boldsymbol{z}))\}_{\boldsymbol{z}\in\boldsymbol{Z}_k}$ 的漏检部分可以表示为

$$r_{PL,k}^{(i)}=r_{P,k|k-1}^{(i)}\frac{1-p_{D,k}}{1-r_{P,k|k-1}^{(i)}p_{D,k}} \tag{3-54}$$

$$p_{PL,k}^{(i)}(\boldsymbol{x})=p_{P,k|k-1}^{(i)}(\boldsymbol{x}) \tag{3-55}$$

量测更新部分由式和表示，其中

$$\hat{r}_{PU,k}^{(i)}(\boldsymbol{z})=\frac{r_{P,k|k-1}^{(i)}(1-r_{P,k|k-1}^{(i)})\rho_{PU,k}^{(i)}(\boldsymbol{z})}{(1-r_{P,k|k-1}^{(i)}p_{D,k})^2} \tag{3-56}$$

$$\tilde{r}_{PU,k}(\boldsymbol{z})=\sum_{i=1}^{M_{P,k|k-1}}\frac{r_{P,k|k-1}^{(i)}\rho_{PU,k}^{(i)}(\boldsymbol{z})}{1-r_{P,k|k-1}^{(i)}p_{D,k}} \tag{3-57}$$

$$\tilde{r}_{\Gamma U,k}(\boldsymbol{z})=\sum_{i=1}^{|\boldsymbol{Z}_k|}\frac{r_{\Gamma,k|k-1}^{(i)}\rho_{\Gamma U,k}^{(i)}(\boldsymbol{z})}{1-r_{\Gamma,k|k-1}^{(i)}} \tag{3-58}$$

$$\hat{p}_{PU,k}^{(i)}(\boldsymbol{x};\boldsymbol{z})=\sum_{j=1}^{J_{k-1}^{(i)}}w_{PU,k}^{(i,j)}(\boldsymbol{z})N(\boldsymbol{x};\boldsymbol{m}_{PU,k}^{(i,j)},\boldsymbol{P}_{PU,k}^{(i,j)}) \tag{3-59}$$

$$\tilde{p}_{PU,k}(\boldsymbol{z})=\sum_{i=1}^{M_{P,k|k-1}}\sum_{j=1}^{J_{k-1}^{(i)}}w_{PU,k}^{(i,j)}(\boldsymbol{z}) \tag{3-60}$$

$$\tilde{p}_{\Gamma U,k}(\boldsymbol{z})=\sum_{i=1}^{|\boldsymbol{Z}_k|}w_{\Gamma U,k}^{(i)}(\boldsymbol{z}) \tag{3-61}$$

并且

$$w_{PU,k}^{(i,j)}(\boldsymbol{z})=\frac{r_{P,k|k-1}^{(i)}}{1-r_{P,k|k-1}^{(i)}}p_{D,k}w_{k-1}^{(i,j)}N(\boldsymbol{z};\boldsymbol{H}_k\boldsymbol{m}_{P,k|k-1}^{(i,j)},\boldsymbol{H}_k\boldsymbol{P}_{P,k|k-1}^{(i,j)}\boldsymbol{H}_k^{\mathrm{T}}+\boldsymbol{R}_k) \tag{3-62}$$

$$\boldsymbol{m}_{PU,k}^{(i,j)}(\boldsymbol{z})=\boldsymbol{m}_{P,k|k-1}^{(i,j)}+\boldsymbol{P}_{P,k|k-1}^{(i,j)}\boldsymbol{H}_k^{\mathrm{T}}[\boldsymbol{H}_k\boldsymbol{P}_{P,k|k-1}^{(i,j)}\boldsymbol{H}_k^{\mathrm{T}}+\boldsymbol{R}_k]^{-1}(\boldsymbol{z}-\boldsymbol{H}_k\boldsymbol{m}_{P,k|k-1}^{(i,j)}) \tag{3-63}$$

$$\boldsymbol{P}_{PU,k}^{(i,j)}=[\boldsymbol{I}-\boldsymbol{P}_{P,k|k-1}^{(i,j)}\boldsymbol{H}_k^{\mathrm{T}}[\boldsymbol{H}_k\boldsymbol{P}_{P,k|k-1}^{(i,j)}\boldsymbol{H}_k^{\mathrm{T}}+\boldsymbol{R}_k]^{-1}\boldsymbol{H}_k]\boldsymbol{P}_{P,k|k-1}^{(i,j)} \tag{3-64}$$

$$w_{\Gamma U,k}^{(i)}(\boldsymbol{z})=\frac{r_{\Gamma,k|k-1}^{(i)}}{1-r_{\Gamma,k|k-1}^{(i)}}N(\boldsymbol{z};\boldsymbol{H}_k\boldsymbol{m}_{\Gamma,k|k-1}^{(i)},\boldsymbol{H}_k\boldsymbol{P}_{\Gamma,k|k-1}^{(i)}\boldsymbol{H}_k^{\mathrm{T}}+\boldsymbol{R}_k) \tag{3-65}$$

其中，$\rho_{PU,k}^{(i)}(\boldsymbol{z})$和$\rho_{\Gamma U,k}^{(i)}(\boldsymbol{z})$分别由式(3-49)和式(3-50)表示。

新生目标的后验概率密度 $\pi_{\Gamma,k}=\{(r_{\Gamma U,k}(\boldsymbol{z}),p_{\Gamma U,k}(\cdot;\boldsymbol{z}))\}_{z\in Z_k}$ 由式(3-33)和式(3-34)表示，其中

$$\hat{r}_{\Gamma U,k}^{(i)}(\boldsymbol{z})=\frac{r_{\Gamma,k|k-1}^{(i)}(1-r_{\Gamma,k|k-1}^{(i)})\rho_{\Gamma U,k}^{(i)}(\boldsymbol{z})}{(1-r_{\Gamma,k|k-1}^{(i)})^2} \tag{3-66}$$

$$\hat{p}_{\Gamma U,k}^{(i)}(\boldsymbol{x};\boldsymbol{z})=w_{\Gamma U,k}^{(i)}(\boldsymbol{z})N(\boldsymbol{x};\boldsymbol{m}_{\Gamma U,k}^{(i)},\boldsymbol{P}_{\Gamma U,k}^{(i)}) \tag{3-67}$$

并且

$$\boldsymbol{m}_{\Gamma U,k}^{(i)}(\boldsymbol{z})=\boldsymbol{m}_{\Gamma,k|k-1}^{(i)}+\boldsymbol{P}_{\Gamma,k|k-1}^{(i)}\boldsymbol{H}_k^{\mathrm{T}}[\boldsymbol{H}_k\boldsymbol{P}_{\Gamma,k|k-1}^{(i)}\boldsymbol{H}_k^{\mathrm{T}}+\boldsymbol{R}_k]^{-1}(\boldsymbol{z}-\boldsymbol{H}_k\boldsymbol{m}_{\Gamma,k|k-1}^{(i)}) \tag{3-68}$$

$$\boldsymbol{P}_{\Gamma U,k}^{(i)}=[\boldsymbol{I}-\boldsymbol{P}_{\Gamma,k|k-1}^{(i)}\boldsymbol{H}_k^{\mathrm{T}}[\boldsymbol{H}_k\boldsymbol{P}_{\Gamma,k|k-1}^{(i)}\boldsymbol{H}_k^{\mathrm{T}}+\boldsymbol{R}_k]^{-1}\boldsymbol{H}_k]\boldsymbol{P}_{\Gamma,k|k-1}^{(i)} \tag{3-69}$$

其中，$\rho_{\Gamma U,k}^{(i)}(z)$由式(3-50)表示。

在更新过程结束后，对存活目标后验密度 $\pi_{P,k}$ 和新生目标后验密度 $\pi_{\Gamma,k}$ 进行修剪，以去除存在概率较低的伯努利分量。之后，针对保留的伯努利分量，再次进行修剪，去除权值过低的高斯分量，并对距离较近的高斯混合项进行合并，此外，通过设定的最大分量数 $J_{\max}$ 完成对伯努利分量的最终处理。

目标数目可以通过伯努利分量加权估计，即 $\sum_{i=1}^{M_{P,k}}r_{P,k}^{(i)}$ 。目标状态可以通过对 $\pi_{P,k}$ 中存在概率较高的伯努利分量的后验密度的均值估计得到。

上述针对线性高斯模型的滤波推导可以通过扩展卡尔曼滤波[191,192](Extended Kalman Filter，EKF)、无迹卡尔曼滤波[193,194](Unscented Kalman Filter，UKF)等近似策略扩展于非线性模型中，然而在非线性情况较强时，GM实现难以生效，对此不再赘述。

3.3.3 粒子实现

针对非线性的运动模型和量测模型，本小节给出了改进的未知新生密度 CBMeMBer 滤波的 SMC 实现。

1. 预测步骤

在 $k-1$ 时刻存活目标后验概率密度 $\pi_{P,k-1}=\{r_{P,k-1}^{(i)}, p_{P,k-1}^{(i)}\}_{i=1}^{M_{P,k-1}}$ 和新生目标后验概率密度 $\pi_{\Gamma,k-1}=\{r_{\Gamma,k-1}^{(i)}, p_{\Gamma,k-1}^{(i)}\}_{i=1}^{M_{\Gamma,k-1}}$ 中，$p_{P,k-1}^{(i)}(\boldsymbol{x})$ 和 $p_{\Gamma,k-1}^{(i)}(\boldsymbol{x})$ 可以分别表示为如下形式：

$$p_{P,k-1}^{(i)}(\boldsymbol{x})=\sum_{j=1}^{L_{P,k-1}^{(i)}} w_{P,k-1}^{(i,j)}\delta_{\boldsymbol{x}_{P,k-1}^{(i,j)}}(\boldsymbol{x}) \tag{3-70}$$

$$p_{\Gamma,k-1}^{(i)}(\boldsymbol{x})=\sum_{j=1}^{L_{\Gamma,k-1}^{(i)}} w_{\Gamma,k-1}^{(i,j)}\delta_{\boldsymbol{x}_{\Gamma,k-1}^{(i,j)}}(\boldsymbol{x}) \tag{3-71}$$

其中，$\{w_{P,k-1}^{(i,j)}, \boldsymbol{x}_{P,k-1}^{(i,j)}\}_{j=1}^{L_{P,k-1}^{(i)}}$ 和 $\{w_{\Gamma,k-1}^{(i,j)}, \boldsymbol{x}_{\Gamma,k-1}^{(i,j)}\}_{j=1}^{L_{\Gamma,k-1}^{(i)}}$ 为其带权重的粒子集合表现形式，$L_{P,k-1}^{(i)}$ 和 $L_{\Gamma,k-1}^{(i)}$ 分别为存活和新生目标的粒子数。在预测前，需要将 $\pi_{P,k-1}$ 和 $\pi_{\Gamma,k-1}$ 合并为式所示的形式，其中，$p_{k-1}^{(i)}(\boldsymbol{x})$ 表示为

$$p_{k-1}^{(i)}(\boldsymbol{x})=\sum_{j=1}^{L_{k-1}^{(i)}} w_{k-1}^{(i,j)}\delta_{\boldsymbol{x}_{k-1}^{(i,j)}}(\boldsymbol{x}) \tag{3-72}$$

存活目标预测概率密度 $\pi_{P,k|k-1}=\{(r_{P,k|k-1}^{(i)}, p_{P,k|k-1}^{(i)})\}_{i=1}^{M_{P,k|k-1}}$ 可以通过下式计算：

$$r_{P,k|k-1}^{(i)}=r_{k-1}^{(i)}\sum_{j=1}^{L_{k-1}^{(i)}} w_{k-1}^{(i,j)} p_{S,k}(\boldsymbol{x}_{k-1}^{(i,j)}) \tag{3-73}$$

$$p_{P,k|k-1}^{(i)}(\boldsymbol{x})=\sum_{j=1}^{L_{k-1}^{(i)}} w_{P,k|k-1}^{(i,j)}\delta_{\boldsymbol{x}_{P,k|k-1}^{(i,j)}}(\boldsymbol{x}) \tag{3-74}$$

$$\boldsymbol{x}_{P,k|k-1}^{(i,j)}\sim q_k^{(i)}(\cdot\,|\,\boldsymbol{x}_{k-1}^{(i,j)}, \boldsymbol{Z}_k),\ j=1,\cdots,L_{k-1}^{(i)} \tag{3-75}$$

$$w_{P,k|k-1}^{(i,j)}=\frac{\dfrac{w_{k-1}^{(i,j)} f_{k|k-1}(\boldsymbol{x}_{P,k|k-1}^{(i,j)}\mid \boldsymbol{x}_{k-1}^{(i,j)}) p_{S,k}(\boldsymbol{x}_{k-1}^{(i,j)})}{q_k^{(i)}(\boldsymbol{x}_{P,k|k-1}^{(i,j)}\mid \boldsymbol{x}_{k-1}^{(i,j)}, \boldsymbol{Z}_k)}}{\sum_{j=1}^{L_{k-1}^{(i)}} w_{k-1}^{(i,j)} p_{S,k}(\boldsymbol{x}_{k-1}^{(i,j)})} \tag{3-76}$$

其中，$q_k^{(i)}(\cdot|\boldsymbol{x}_{k-1}^{(i,j)},\boldsymbol{Z}_k)$表示粒子采样的重要性密度函数。为简单起见，可将其近似设为$q_k^{(i)}(\cdot|\boldsymbol{x}_{k-1}^{(i,j)},\boldsymbol{Z}_k)=f_{k|k-1}(\cdot|\boldsymbol{x}_{k-1}^{(i,j)})$。

新生目标的预测概率密度$\pi_{\Gamma,k|k-1}=\{(r_{\Gamma,k|k-1}^{(i)}(\boldsymbol{z}),p_{\Gamma,k|k-1}^{(i)}(\boldsymbol{x}|\boldsymbol{z}))\}_{i=1}^{|\boldsymbol{Z}_k|}$由$r_{\Gamma,k|k-1}^{(i)}(\boldsymbol{z})$和$p_{\Gamma,k|k-1}^{(i)}(\boldsymbol{x}|\boldsymbol{z})$组成。在目标新生概率$r_{\Gamma,k|k-1}^{(i)}(\boldsymbol{z})$中，函数$G_k(\boldsymbol{z})$可以表示为

$$G_k(\boldsymbol{z})=\frac{\displaystyle\sum_{i=1}^{|\boldsymbol{Z}_k|}\frac{r_{\Gamma,k|k-1}^{(i)}(1-r_{\Gamma,k|k-1}^{(i)})\sum_{j=1}^{L_\Gamma}w_{\Gamma,k|k-1}^{(i,j)}g_k(\boldsymbol{z}\mid\boldsymbol{x}_{\Gamma,k|k-1}^{(i,j)})}{(1-r_{\Gamma,k|k-1}^{(i)}\sum_{j=1}^{L_\Gamma}w_{\Gamma,k|k-1}^{(i,j)})^2}}{\displaystyle\kappa_k(\boldsymbol{z})+\sum_{i=1}^{M_{P,k|k-1}}\frac{r_{P,k|k-1}^{(i)}\sum_{j=1}^{L_{k-1}^{(i)}}w_{P,k|k-1}^{(i,j)}\psi_{k,z}(\boldsymbol{x}_{P,k|k-1}^{(i,j)})}{1-r_{P,k|k-1}^{(i)}\sum_{j=1}^{L_{k-1}^{(i)}}w_{P,k|k-1}^{(i,j)}p_{D,k}(\boldsymbol{x}_{P,k|k-1}^{(i,j)})}}\tag{3-77}$$

同时，目标新生密度$p_{\Gamma,k|k-1}^{(i)}(\boldsymbol{x}|\boldsymbol{z})(i=1,\cdots,|\boldsymbol{Z}_k|)$可以用当前时刻量测$\boldsymbol{z}\in\boldsymbol{Z}_k$产生的加权粒子集$\boldsymbol{x}_{\Gamma,k|k-1}^{(i,j)}(j=1,\cdots,L_\Gamma)$表示。目标状态可以表示为$\boldsymbol{x}=[\boldsymbol{p}^{\mathrm{T}},\boldsymbol{v}^{\mathrm{T}}]^{\mathrm{T}}$，其中，$\boldsymbol{p}$表示与传感器量测相关的分量，$\boldsymbol{v}$表示与传感器量测无关的分量。因此，量测可以表示为$\boldsymbol{z}=h(\boldsymbol{p})+\boldsymbol{w}$，其中，$h$为量测函数，$\boldsymbol{w}$是协方差为$\boldsymbol{R}$的零均值高斯白噪声。粒子$\boldsymbol{p}_{\Gamma,k|k-1}^{(i,j)}(j=1,\cdots,L_\Gamma)$可以通过高斯分布$N(\boldsymbol{x};h^{-1}(\boldsymbol{z}),\boldsymbol{HRH}^{\mathrm{T}})$采样获得，其中，$\boldsymbol{H}$为$h^{-1}$的雅克比矩阵。量测子空间的粒子$\boldsymbol{v}_{\Gamma,k|k-1}^{(i,j)}(j=1,\cdots,L_\Gamma)$需先验设定。目标新生粒子的权值设为均等，即$w_{\Gamma,k|k-1}^{(i,j)}=\dfrac{1}{L_\Gamma}$。故目标新生密度可以表示为

$$p_{\Gamma,k|k-1}^{(i)}(\boldsymbol{x}\mid\boldsymbol{z})=\sum_{j=1}^{L_\Gamma}w_{\Gamma,k|k-1}^{(i,j)}\delta_{\boldsymbol{x}_{\Gamma,k|k-1}^{(i,j)}}(\boldsymbol{x})\tag{3-78}$$

2. 更新步骤

将获得的新生目标和存活目标的预测概率密度代入式(3-21)中，可得存活目标后验概率密度$\pi_{P,k}$中漏检部分的计算式：

$$r_{PL,k}^{(i)}=r_{P,k|k-1}^{(i)}\frac{1-\sum_{j=1}^{L_{k-1}^{(i)}}w_{P,k|k-1}^{(i,j)}p_{D,k}(\boldsymbol{x}_{P,k|k-1}^{(i,j)})}{1-r_{P,k|k-1}^{(i)}\sum_{j=1}^{L_{k-1}^{(i)}}w_{P,k|k-1}^{(i,j)}p_{D,k}(\boldsymbol{x}_{P,k|k-1}^{(i,j)})}\tag{3-79}$$

$$p_{PL,k}^{(i)}(\boldsymbol{x})=\sum_{j=1}^{L_{k-1}^{(i)}} w_{PL,k}^{(i,j)} \delta_{x_{P,k|k-1}^{(i,j)}}(\boldsymbol{x}) \tag{3-80}$$

其中

$$w_{PL,k}^{(i,j)}=w_{P,k|k-1}^{(i,j)} \frac{1-p_{D,k}(\boldsymbol{x}_{P,k|k-1}^{(i,j)})}{1-\sum_{j=1}^{L_{k-1}^{(i)}} w_{P,k|k-1}^{(i,j)} p_{D,k}(\boldsymbol{x}_{P,k|k-1}^{(i,j)})} \tag{3-81}$$

量测更新部分可以通过式(3－24)和式(3－25)计算，其中

$$\hat{r}_{PU,k}^{(i)}(\boldsymbol{z})=\frac{r_{P,k|k-1}^{(i)}(1-r_{P,k|k-1}^{(i)}) \sum_{j=1}^{L_{k-1}^{(i)}} w_{P,k|k-1}^{(i,j)} \psi_{k,z}(\boldsymbol{x}_{P,k|k-1}^{(i,j)})}{\left(1-r_{P,k|k-1}^{(i)} \sum_{j=1}^{L_{k-1}^{(i)}} w_{P,k|k-1}^{(i,j)} p_{D,k}(x_{P,k|k-1}^{(i,j)})\right)^{2}} \tag{3-82}$$

$$\tilde{r}_{PU,k}(\boldsymbol{z})=\sum_{i=1}^{M_{P,k|k-1}} \frac{r_{P,k|k-1}^{(i)} \sum_{j=1}^{L_{k-1}^{(i)}} w_{P,k|k-1}^{(i,j)} \psi_{k,z}(\boldsymbol{x}_{P,k|k-1}^{(i,j)})}{1-r_{P,k|k-1}^{(i)} \sum_{j=1}^{L_{k-1}^{(i)}} w_{P,k|k-1}^{(i,j)} p_{D,k}(\boldsymbol{x}_{P,k|k-1}^{(i,j)})} \tag{3-83}$$

$$\tilde{r}_{\Gamma U,k}(\boldsymbol{z})=\sum_{i=1}^{|\boldsymbol{Z}_k|} \frac{r_{\Gamma,k|k-1}^{(i)} \sum_{j=1}^{L_{\Gamma}} w_{\Gamma,k|k-1}^{(i,j)} g_{k}(\boldsymbol{z} \mid \boldsymbol{x}_{\Gamma,k|k-1}^{(i,j)})}{1-r_{\Gamma,k|k-1}^{(i)} \sum_{j=1}^{L_{\Gamma}} w_{\Gamma,k|k-1}^{(i,j)}} \tag{3-84}$$

$$\hat{p}_{PU,k}^{(i)}(\boldsymbol{x};\boldsymbol{z})=\sum_{j=1}^{L_{k-1}^{(i)}} w_{P,k|k-1}^{(i,j)} \frac{r_{P,k|k-1}^{(i)}}{1-r_{P,k|k-1}^{(i)}} \psi_{k,z}(\boldsymbol{x}_{P,k|k-1}^{(i,j)}) \delta_{x_{P,k|k-1}^{(i,j)}}(\boldsymbol{x}) \tag{3-85}$$

$$\tilde{p}_{PU,k}(\boldsymbol{z})=\sum_{i=1}^{M_{P,k|k-1}} \sum_{j=1}^{L_{k-1}^{(i)}} w_{P,k|k-1}^{(i,j)} \frac{r_{P,k|k-1}^{(i)}}{1-r_{P,k|k-1}^{(i)}} \psi_{k,z}(\boldsymbol{x}_{P,k|k-1}^{(i,j)}) \tag{3-86}$$

$$\tilde{p}_{\Gamma U,k}(\boldsymbol{z})=\sum_{i=1}^{|\boldsymbol{Z}_k|} \sum_{j=1}^{L_{\Gamma}} w_{\Gamma,k|k-1}^{(i,j)} \frac{r_{\Gamma,k|k-1}^{(i)}}{1-r_{\Gamma,k|k-1}^{(i)}} g_{k}(\boldsymbol{z} \mid \boldsymbol{x}_{\Gamma,k|k-1}^{(i,j)}) \tag{3-87}$$

新生目标的后验概率密度 $\pi_{\Gamma,k}$ 可以通过式(3－33)和式(3－34)计算，其中

$$\hat{r}_{\Gamma U,k}^{(i)}(\boldsymbol{z})=\frac{r_{\Gamma,k|k-1}^{(i)}(1-r_{\Gamma,k|k-1}^{(i)}) \sum_{j=1}^{L_{\Gamma}} w_{\Gamma,k|k-1}^{(i,j)} g_{k}(\boldsymbol{z} \mid \boldsymbol{x}_{\Gamma,k|k-1}^{(i,j)})}{\left(1-r_{\Gamma,k|k-1}^{(i)} \sum_{j=1}^{L_{\Gamma}} w_{\Gamma,k|k-1}^{(i,j)}\right)^{2}} \tag{3-88}$$

$$\hat{p}_{\Gamma U,k}^{(i)}(\boldsymbol{x};\boldsymbol{z})=\sum_{j=1}^{L_\Gamma} w_{\Gamma,k|k-1}^{(i,j)} \frac{r_{\Gamma,k|k-1}^{(i)}}{1-r_{\Gamma,k|k-1}^{(i)}} g_k(\boldsymbol{z}\mid \boldsymbol{x}_{\Gamma,k|k-1}^{(i,j)})\delta_{x_{\Gamma,k|k-1}^{(i,j)}}(\boldsymbol{x}) \tag{3-89}$$

在 SMC 实现中，更新结束后需对存活目标后验密度 $\pi_{P,k}$ 和新生目标后验密度 $\pi_{\Gamma,k}$ 分别加入重采样步骤。同样，需引入修剪步骤删除存在概率较低的伯努利分量，并针对单伯努利分量设定最大和最小粒子数。该 SMC 实现下的目标数估计和状态估计与 GM 实现方法中相同。

3.4 实验与分析

本节分别在线性场景和非线性场景下验证未知新生密度 CBMeMBer 滤波算法的有效性。性能评价准则采用 OSPA 距离，每个场景进行 200 次蒙特卡洛实验。

3.4.1 线性场景

目标观测区域为 [−2000，2000] m × [−2000，2000] m。共有 12 个目标先后出现于观测区域，其中 10 个为新生目标。在此场景中，状态转移模型和量测模型均为线性。

目标的状态 $\boldsymbol{x}_k=[p_{x,k}, \dot{p}_{x,k}, p_{y,k}, \dot{p}_{y,k}]^{\mathrm{T}}$ 包含位置分量 $p_{x,k}$、$p_{y,k}$ 和速度分量 $\dot{p}_{x,k}$、$\dot{p}_{y,k}$。状态转移方程可表示为

$$\boldsymbol{x}_k=\boldsymbol{F}\boldsymbol{x}_{k-1}+\boldsymbol{G}\boldsymbol{w}_{k-1} \tag{3-90}$$

$$\boldsymbol{F}=\begin{bmatrix}1 & T & 0 & 0\\ 0 & 1 & 0 & 0\\ 0 & 0 & 1 & T\\ 0 & 0 & 0 & 1\end{bmatrix}, \boldsymbol{G}=\begin{bmatrix}\frac{T^2}{2} & T & 0 & 0\\ 0 & 0 & \frac{T^2}{2} & T\end{bmatrix}^{\mathrm{T}} \tag{3-91}$$

其中，采样间隔 $T=1$ s，$\boldsymbol{w}_{k-1}$ 表示标准差 $\sigma_w=30$ m/s^2 的零均值高斯过程噪声。量测转移方程为

$$\boldsymbol{z}_k=\boldsymbol{H}\boldsymbol{x}_k+\boldsymbol{v}_k \tag{3-92}$$

$$\boldsymbol{H}=\begin{bmatrix}1 & 0 & 0 & 0\\ 0 & 0 & 1 & 0\end{bmatrix} \tag{3-93}$$

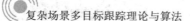

其中，$\boldsymbol{v}_k$ 是协方差矩阵为 $\sigma_v^2 \boldsymbol{I}_2$ 的零均值高斯量测噪声，$\sigma_v = 20$ m。

存在概率和检测概率分别设为 $p_{S,k}=0.98$ 和 $p_{D,k}=0.95$。杂波率服从泊松分布，其均值 $\lambda_c=10$，杂波密度 $\kappa_k(z)=\lambda_c u(z)$，其中，$u(z)=1/V$ 为覆盖整个观测区域的均匀密度，V 为观测区域面积。目标的真实轨迹如图 3.1 所示。新生目标的设置如表 3.1 所示。

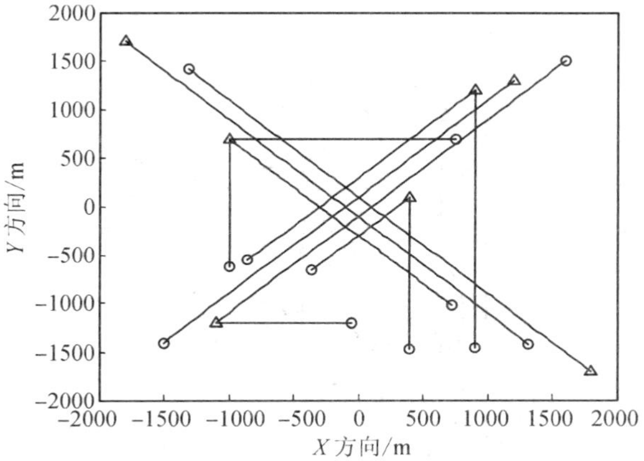

（△表示目标起始位置，○表示目标消失位置）

图 3.1　笛卡尔坐标系下目标的真实运动轨迹

表 3.1　线性场景下新生目标出现的时间、数量和位置

新生时间/s	新生数量	新生位置/m
21	1	(−1000, 700)
36	2	(1200, 1300), (−1100, −1200)
51	3	(−1000, 700), (400, 100), (900, 1200)
71	4	(−1000, 700), (400, 100), (−1100, −1200), (900, 1200)

在此场景中，包含不同目标新生模型的 CBMeMBer 滤波均采用 GM 实现。固定的目标新生模型要求新生位置先验已知，这是当前最为常用的目标新生模型，分布为 $\pi_\Gamma=\{(r_\Gamma^{(i)}, p_\Gamma^{(i)})\}_{i=1}^5$，其中，$r_\Gamma^{(1)}=r_\Gamma^{(2)}=\cdots=r_\Gamma^{(5)}=0.03$，

$p_{\Gamma}^{(i)}(\boldsymbol{x})=N(\boldsymbol{x};\boldsymbol{m}_{\Gamma}^{(i)},\boldsymbol{P}_{\Gamma})$，$\boldsymbol{m}_{\Gamma}^{(1)}=[-1000, 0, 700, 0]^{\mathrm{T}}$，$\boldsymbol{m}_{\Gamma}^{(2)}=[1200, 0, 1300, 0]^{\mathrm{T}}$，$\boldsymbol{m}_{\Gamma}^{(3)}=[-1100, 0, -1200, 0]^{\mathrm{T}}$，$\boldsymbol{m}_{\Gamma}^{(4)}=[400, 0, 100, 0]^{\mathrm{T}}$，$\boldsymbol{m}_{\Gamma}^{(5)}=[900, 0, 1200, 0]^{\mathrm{T}}$，$\boldsymbol{P}_{\Gamma}=\mathrm{diag}([100, 50, 100, 50]^{\mathrm{T}})$。文献[165]提出的 GM 新生模型假设目标新生信息未知，用网格状均匀覆盖观测区域的高斯分量捕捉目标新生。本小节采用 4×4 和 8×8 网格作为对比模型，其具体分布如图 3.2 所示。

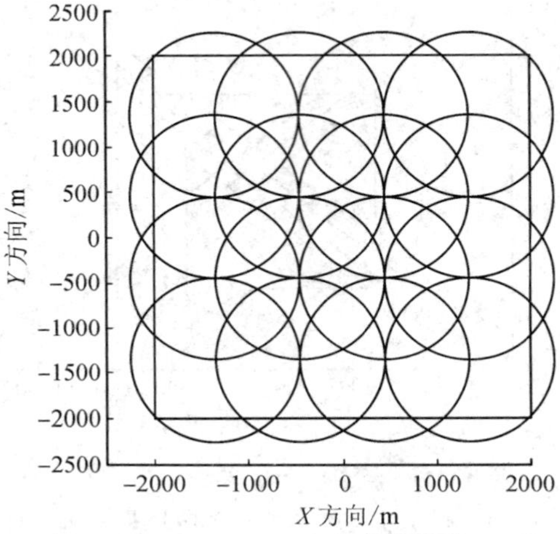

(a) 4×4 GM新生模型

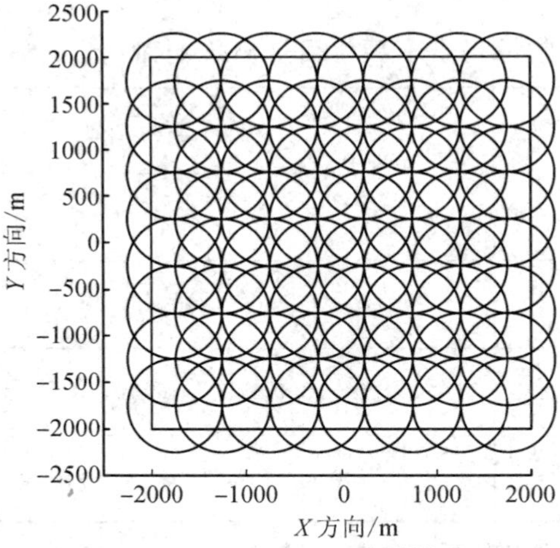

(b) 8×8 GM新生模型

图 3.2 4×4 网格和 8×8 网格的 GM 新生模型

图 3.3 给出了不同新生模型的 CBMeMBer 滤波的目标数估计结果对比（扫描二维码可获取彩色图片，以准确识别图中各线型）。可以看出与 4×4 GM 和 8×8 GM 新生模型相比，未知新生密度模型滤波的目标数估计更准确。这是由于均匀覆盖观测区域的 GM 分量数不足，难以完成对各个位置新生的实时关联。当 GM 分量的数目增加至 8×8 时，可以看出目标数估计的准确性明显提高，但依然存在较大偏差。与固定新生模型相比，未知新生密度模型滤波在目标数估计精度上相近，但解除了对目标新生位置信息的先验要求。当目标新生时，未知新生密度滤波目标数估计有一个时刻的时延，这是由于新生位置未知的情况下，该滤波需通过时序差来区分杂波和新生量测。

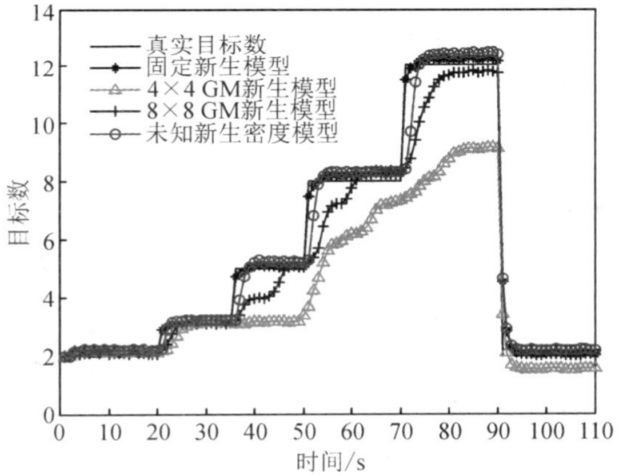

图 3.3　线性场景下不同新生模型 CBMeMBer 滤波的目标数估计结果

图 3.4 给出了不同新生模型滤波的 OSPA 距离对比。与图 3.3 情况相似，4×4 GM 新生模型滤波 OSPA 距离存在异常，当 GM 数增加时，情况有所好转。与 GM 新生模型相比，固定模型和未知新生密度模型滤波 OSPA 距离较为稳定。在目标新生时由于时延未知新生密度滤波 OSPA 距离会增大，但在目标新生后又很快降至与固定新生模型滤波同一水平。

图 3.5 给出了不同检测概率下滤波算法的平均 OSPA 距离对比。随着检测概率的提高，滤波的平均 OSPA 距离均有所下降。在检测概率较低时，本节所提算法平均跟踪性能最优；当检测概率高于 0.9 时，该算法平均跟踪性能略低于固定新生模型滤波，这是由于在高检测概率下，传感器连续漏检情况很少出现，且本节所提算法在目标新生时存在一个时刻的时延。

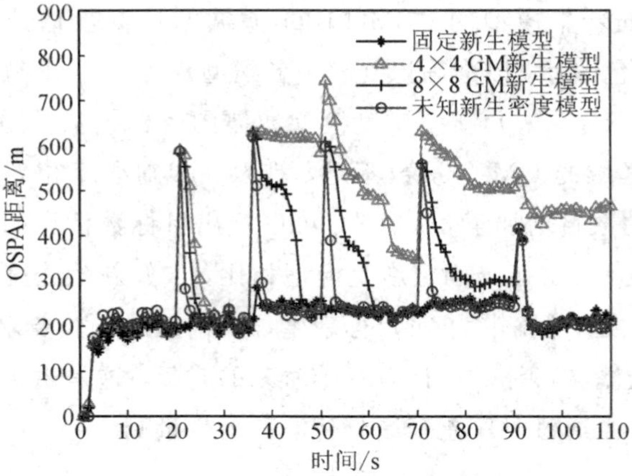

图 3.4 线性场景下不同新生模型 CBMeMBer 滤波的 OSPA 距离

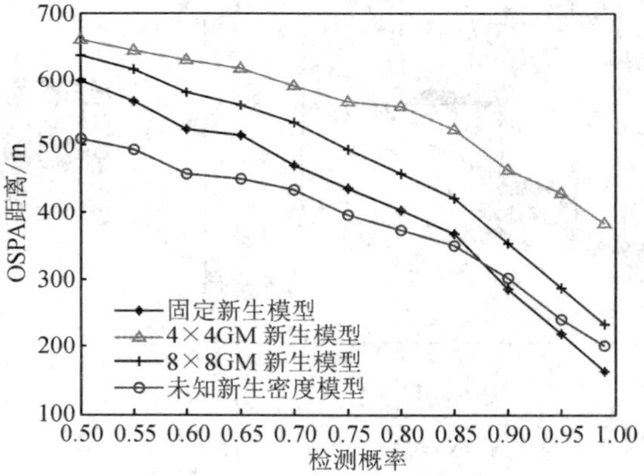

图 3.5 线性场景不同检测概率下的平均 OSPA 距离

3.4.2 非线性场景

目标观测区域为一个直径 4000 m 的圆形区域。目标的状态转移模型和量测模型均为非线性。共有 14 个目标先后出现在观测场景中，其中 12 个为新生。

目标的运动方式为 CT 运动，其状态 $\boldsymbol{x}_k=[p_{x,k}, \dot{p}_{x,k}, p_{y,k}, \dot{p}_{y,k}, \omega_k]^{\mathrm{T}}$ 包含位置 $p_{x,k}$，$p_{y,k}$，速度 $\dot{p}_{x,k}$，$\dot{p}_{y,k}$ 和转弯速率 ω_k。状态转移方程可表示为

$$[p_{x,k}, \dot{p}_{x,k}, p_{y,k}, \dot{p}_{y,k}]^{\mathrm{T}}=F(\omega_{k-1})[p_{x,k-1}, \dot{p}_{x,k-1}, p_{y,k-1}, \dot{p}_{y,k-1}]^{\mathrm{T}}+\boldsymbol{G}\boldsymbol{w}_{k-1} \tag{3-94}$$

$$\omega_k = \omega_{k-1} + T\varepsilon_{k-1}$$

$$F(\omega) = \begin{bmatrix} 1 & \dfrac{\sin\omega T}{\omega} & 0 & -\dfrac{1-\cos\omega T}{\omega} \\ 0 & \cos\omega T & 0 & -\sin\omega T \\ 0 & \dfrac{1-\cos\omega T}{\omega} & 1 & \dfrac{\sin\omega T}{\omega} \\ 0 & \sin\omega T & 0 & \cos\omega T \end{bmatrix}, \quad \boldsymbol{G} = \begin{bmatrix} \dfrac{T^2}{2} & 0 \\ T & 0 \\ 0 & \dfrac{T^2}{2} \\ 0 & T \end{bmatrix} \tag{3-95}$$

其中，采样间隔 $T=1$ s，$\boldsymbol{w}_{k-1}$ 和 ε_{k-1} 分别为标准差 $\sigma_w = 30$ m/s^2 和 $\sigma_\varepsilon = \pi/180$ rad/s 的零均值高斯过程噪声。量测信息包含径向距离和方位角，转移方程为

$$\boldsymbol{z}_k = \begin{bmatrix} \sqrt{p_{x,k}^2 + p_{y,k}^2} \\ \arctan\left(\dfrac{p_{y,k}}{p_{x,k}}\right) \end{bmatrix} + \boldsymbol{v}_k \tag{3-96}$$

其中，$\boldsymbol{v}_k$ 是协方差矩阵为 $\mathrm{diag}([\sigma_r^2, \sigma_\theta^2]^{\mathrm{T}})$ 的零均值高斯量测噪声，径向距离和方位角的量测噪声标准差分别为 $\sigma_r = 20$ m 和 $\sigma_\theta = \pi/180$ rad。

将存在概率和检测概率分别设为 $p_{S,k}(\boldsymbol{x}) = 0.98$ 和 $p_{D,k}(\boldsymbol{x}) = 0.95$。杂波率服从泊松分布，均值 $\lambda_c = 10$，杂波密度 $\kappa_k(\boldsymbol{z}) = \lambda_c u(\boldsymbol{z})$，其中，$u(\boldsymbol{z})$ 为覆盖整个观测区域 $[0, 2\pi]$ rad × $[0, 2000]$ m 的均匀密度。目标的真实轨迹如图 3.6 所示。新生目标的设置如表 3.2 所示。

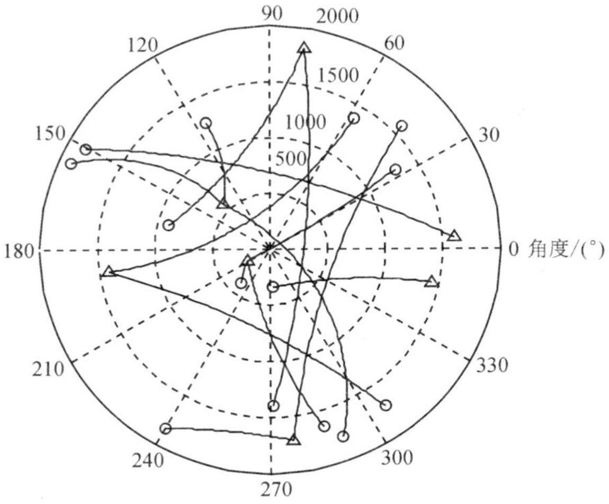

（△表示目标起始位置，○表示目标消失位置）

图 3.6　极坐标系下目标的真实运动轨迹

表 3.2 非线性场景下新生目标出现的时间、数量和位置

新生时间/s	新生数量	新生位置/m
6	1	(−1400，−200)
11	1	(200，−1700)
16	1	(−400，400)
26	2	(1400，−300)，(−1400，−200)
36	2	(−400，400)，(300，1800)
46	3	(−400，400)，(200，−1700)，(−200，−100)
76	2	(−200，−100)

在此场景中，所有滤波算法均采用 SMC 实现。固定新生模型的分布为

$$\pi_\Gamma=\{(r_\Gamma^{(i)}, p_\Gamma^{(i)})\}_{i=1}^{6}$$

其中

$$r_\Gamma^{(1)}=r_\Gamma^{(2)}=\cdots=r_\Gamma^{(6)}=0.03$$

$$p_\Gamma^{(i)}(\boldsymbol{x})=N(\boldsymbol{x};\boldsymbol{m}_\Gamma^{(i)}, \boldsymbol{P}_\Gamma)$$

$$\boldsymbol{m}_\Gamma^{(1)}=[300, 0, 1800, 0, 0]^{\mathrm{T}}$$

$$\boldsymbol{m}_\Gamma^{(2)}=[-1400, 0, -200, 0, 0]^{\mathrm{T}}$$

$$\boldsymbol{m}_\Gamma^{(3)}=[200, 0, -1700, 0, 0]^{\mathrm{T}}$$

$$\boldsymbol{m}_\Gamma^{(4)}=[400, 0, -400, 0, 0]^{\mathrm{T}}$$

$$\boldsymbol{m}_\Gamma^{(5)}=[1400, 0, -300, 0, 0]^{\mathrm{T}}$$

$$\boldsymbol{m}_\Gamma^{(6)}=[-200, 0, -100, 0, 0]^{\mathrm{T}}$$

$$\boldsymbol{P}_\Gamma=\mathrm{diag}([100, 50, 100, 50, 2(\pi/180)]^{\mathrm{T}})$$

GM 新生模型依然选择 4×4 和 8×8 GM 模型。

图 3.7 对比了非线性条件下不同新生模型算法的目标数估计结果。与线性场景相似，GM 新生模型滤波的目标数估计依然有较大偏差，尤其是采用 4×4 GM 模型。未知新生密度滤波目标数估计更为准确，与固定新生模型滤波效果基本持平，仅在目标新生时发生一个时刻的时延。

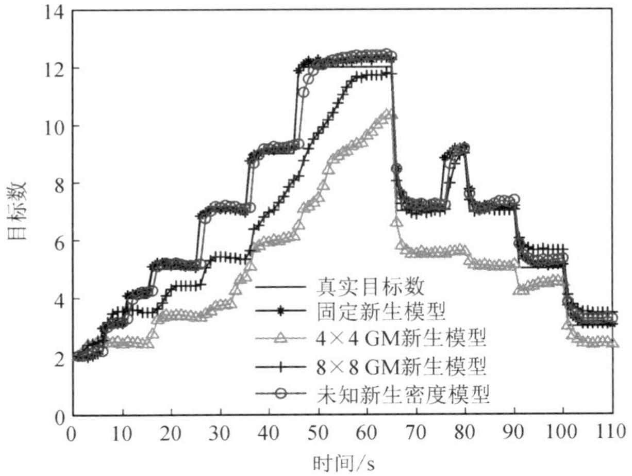

图 3.7 非线性场景下不同新生模型 CBMeMBer 滤波的目标数估计结果

图 3.8 对比了非线性条件下不同新生模型算法的 OSPA 距离。固定新生模型 CBMeMBer 滤波最优。未知新生密度 CBMeMBer 滤波 OSPA 距离仅在目标新生时急剧增大，其余时刻均与之持平。当采用 4×4 和 8×8 GM 新生模型时，CBMeMBer 滤波的 OSPA 距离在大部分时刻出现异常增加，且在 4×4 GM 新生模型下尤为严重。

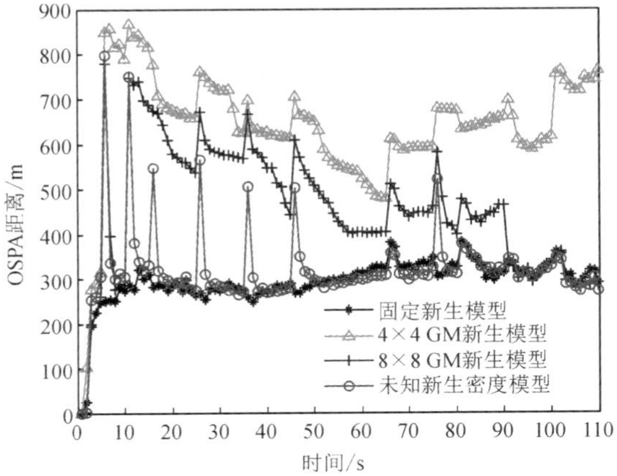

图 3.8 非线性场景下不同新生模型 CBMeMBer 滤波的 OSPA 距离

图 3.9 对比了不同检测概率下滤波算法的平均 OSPA 距离。可以看出，采用 GM 新生模型时，算法跟踪性能整体较差。未知新生密度 CBMeMBer 滤波整体跟踪性能在不同检测概率下最为稳定，且在低检测概率时表现尤为突出。

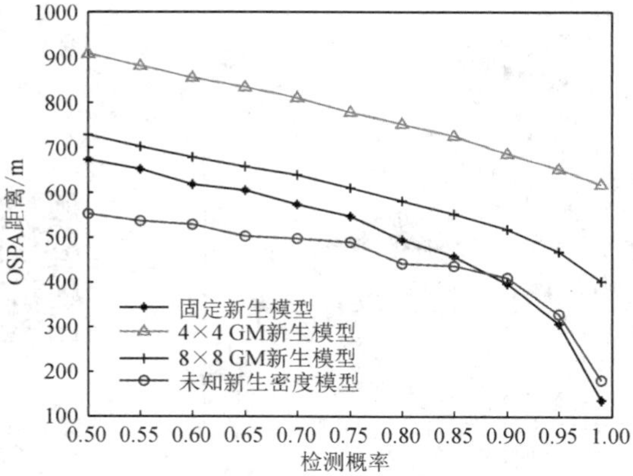

图 3.9 非线性场景不同检测概率下的平均 OSPA 距离

本章小结

本章针对未知新生密度 PHD 滤波中新生模型的概率分配问题，介绍了一种新的概率分配函数，并将改进的新生密度模型应用于 CBMeMBer 滤波。该滤波算法免除了对目标可能新生位置先验已知的要求，有效地拓宽了算法的应用范围。仿真实验表明，本章介绍的算法跟踪性能良好，当检测概率降低时，该算法更为稳定，且跟踪性能优于传统 CBMeMBer 滤波。

第 4 章 未知新生强度势均衡多伯努利跟踪方法

4.1 引 言

目标的新生强度模型在多目标跟踪系统中十分重要。当目标的初始信息难以获取时，对新生情况的建模尤为关键。迄今为止，针对此问题的研究主要集中于对目标新生密度的实时建模，并以此推测目标在当前时刻可能出现的区域，建模方法的基本思想主要是利用量测信息初始化目标新生模型。然而，对影响目标新生模型准确度进而影响滤波算法跟踪精度的另一因素，即目标新生概率，却罕有考虑。在对目标新生建模的过程中，只考虑目标可能出现的区域，而不关注目标可能出现的具体时间，往往无法准确地描述新生模型，在目标新生时可能会导致滤波性能下降。

针对此问题，本章介绍了一种未知新生概率模型，利用当前时刻已知信息，引入预处理步骤构造模型函数，对每一个可能出现目标的区域进行概率预测，以替代基于目标新生期望数的先验分配。此外，本章介绍的方法还将此模型与未知新生密度模型结合，得到更为准确的未知新生强度模型。在此基础上，针对模型的特点和更新原理，介绍了优化后的相应 CBMeMBer 滤波算法结构及简化后的滤波表达形式。

除上述问题外，现有的未知新生模型滤波算法需要在每一时刻引入量测信息对目标新生进行建模，而无效的新生分量需经过多步递归累积后才会消失，因此这类算法的实时性较差。针对无效新生分量造成的无用似然计算，本章介绍了一种改进的量测似然计算方法，该方法利用量测噪声协方差构造相应的门限，削减无效的量测似然。将该门限用于上述改进算法的 SMC 实现中，并相应地对杂波密度进行修正，可以有效提升算法的实时性。

4.2 问题描述

本节主要分析在目标新生模型中普遍存在的两类问题。首先是目标在不同时刻出现的新生概率建模问题，传统模型并不准确。其次是新生目标建模带来的滤波运算负担加重问题，新生模型往往包含大量冗余信息，全部处理会严重影响算法实时性。

4.2.1 新生概率模型匹配问题

在现有的多目标跟踪算法中，目标的新生概率模型通常假设为先验已知，常取值为较小的常数，如 0.2[48]、0.2(每个新生区域各为 0.1)[47]、0.05[195]、0.25[196]、0.1 和 0.01(分别对应两个新生区域)[149]，以及 0.02、0.03、0.02 和 0.03(分别对应四个新生区域)[55]等。在未知新生密度模型中，新生概率主要通过对预设的目标新生期望数进行平均分配得到。虽然新生概率会随着新生分量数目的变化而变化，但同一时刻下，不同新生区域的新生概率完全相同，且滤波过程中总的新生期望数固定不变。可以看出，这些由先验设定的新生概率密度与真实情况存在较大的差异，因而必然会影响目标的跟踪精度。实际上，当可能出现目标新生时，相应区域的新生概率也应有所增加，反之则应当降低。在第 3 章改进算法中，虽然针对目标新生概率介绍了一种基于目标新生期望数重分配的建模方法，即通过构造的分配函数实时估计各个新生区域在新生总期望中的比重，但对总的新生期望数 $B_{\Gamma,k}$ 依然需作出先验假设，模型准确度还需要进一步提升。

4.2.2 实时性问题

传统的多目标跟踪滤波算法通常假设目标的新生位置信息先验已知，因此新生模型只需简单地固定在几个特定区域。当目标新生信息未知时，目标新生模型建模的难度以及模型的复杂度将大幅提高，并且无论采用何种模型，模型的复杂度都不会低于传统滤波中的固定新生模型。

迄今为止，未知新生位置的建模思路大多以量测驱动为主，当观测场景中目标数较多时，该模型复杂度会远高于固定新生模型，并在滤波更新中带来很多额外的似然计算，从而增加了算法复杂度，降低了算法的实时性。以 3.2 节中所述滤波算法为例，下面将具体分析导致其运算量增加的原因。为方便起见，将式(3-11)和式(3-12)重新列出：

$$\begin{aligned}&D_{k|k}(\boldsymbol{x},0)\\&=[1-p_{D,k}(\boldsymbol{x})]D_{k|k-1}(\boldsymbol{x},0)+\\&\sum_{z\in \boldsymbol{Z}_k}\frac{p_{D,k}(\boldsymbol{x})g_k(\boldsymbol{z}\mid \boldsymbol{x})D_{k|k-1}(\boldsymbol{x},0)}{\kappa_k(z)+\langle g_k(\boldsymbol{z}\mid \cdot),\gamma_{k|k-1}(\cdot\mid \boldsymbol{Z}_k)\rangle+\langle p_{D,k}(\cdot)g_k(\boldsymbol{z}\mid \cdot),D_{k|k-1}(\cdot,0)\rangle}\end{aligned} \tag{4-1}$$

$$\begin{aligned}&D_{k|k}(\boldsymbol{x},1)=\\&\sum_{z\in \boldsymbol{Z}_k}\frac{g_k(\boldsymbol{z}\mid \boldsymbol{x})\gamma_{k|k-1}(\boldsymbol{x}\mid \boldsymbol{Z}_k)}{\kappa_k(z)+\langle g_k(\boldsymbol{z}\mid \cdot),\gamma_{k|k-1}(\cdot\mid \boldsymbol{Z}_k)\rangle+\langle p_{D,k}(\cdot)g_k(\boldsymbol{z}\mid \cdot),D_{k|k-1}(\cdot,0)\rangle}\end{aligned} \tag{4-2}$$

首先，当量测集 $\boldsymbol{Z}_k$ 包含量测较多时，新生强度模型 $\gamma_{k|k-1}(\boldsymbol{x}|\boldsymbol{Z}_k)$也相应地包含更多的新生强度分量。其次，无论是在存活目标还是新生目标的更新公式中，所有新生强度分量均完整地参与了$|\boldsymbol{Z}_k|$次内积运算。在式(4-2)中，由于新生强度分量由量测产生，因此，既保留了与新生目标对应的强度分量，又以较大的概率将与存活目标对应的强度分量保留至下一时刻。虽然其权重已相应减小，但也会参与接下来的预测和更新，只有经过多步滤波修正后，才可将其剔除。因此，不同于固定新生模型更新后只以大概率保留真实新生项，未知新生模型 $\gamma_{k|k-1}(\boldsymbol{x}|\boldsymbol{Z}_k)$在目标数较多时，既包含了更多需要更新的新生分量，又将存活目标的新生分量以小权值保留，并将其叠加于后续的滤波运算。如此滚动叠加，运算量将随着目标数的增加快速增加，再加上由杂波新生分量带来的线性增长的计算量，使得在高杂波率、高密度的跟踪环境中算法的实时性严重下降。

4.3　未知新生强度势均衡多伯努利滤波

针对目标的新生概率模型不匹配问题，本节首先介绍一种改进的量测驱动目标新生模型，并将其应用于 CBMeMBer 滤波。随后，在所得的未知新生强度 CBMeMBer 滤波基础上，给出其 SMC 实现。

4.3.1　新生概率模型及算法原理

本节所列新生模型根据前一时刻传感器量测信息对目标新生密度建模，可以更为简便地应用于各类滤波中；同时，通过预处理步骤对目标新生概率建模，能够得到与真实情况更为匹配的目标新生概率，建模过程如图 4.1 所示。

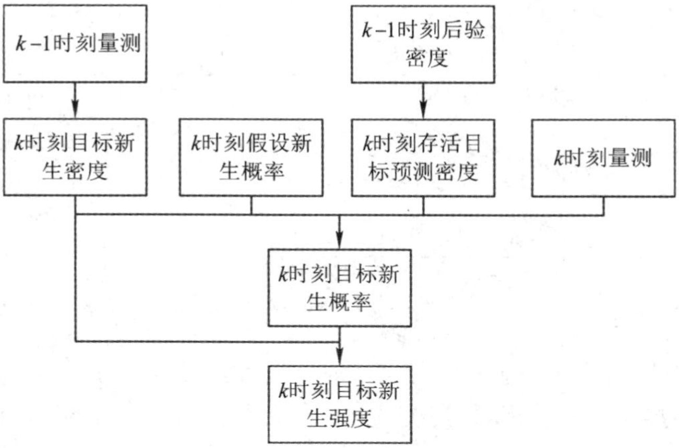

图 4.1　未知新生强度建模过程

1. 新生强度建模

在 3.3.1 小节中，未知新生密度 CBMeMBer 滤波利用当前时刻量测信息对目标新生密度建模，为区分杂波和新生目标，需将存活情况和新生情况分开考虑，并在下一步滤波预测过程之前对其融合。因此，存活目标的更新过程实际上同时包含了前一时刻新生和存活的后验概率密度在当前时刻的预测信息。该并行结构实际上增加了对前一时刻新生模型的一步预测，由于新生模型独立于之前的滤波，即不包含目标状态的估计信息，因此其预测过程的实际意义较小。为优化算法结构，在滤波中对前一时刻新生模型直接进行更新处理，可以避免这一无意义的预测。此后，滤波结构可重新简化为标准形式，而目标的未知新生密度模型则表示为前一时刻模型，即式(3-17)中的目标新生密度 $p_{\Gamma,k|k-1}^{(i)}(\boldsymbol{x}|\boldsymbol{z})$，$i=1, \cdots, |\boldsymbol{Z}_k|$ 可以改写为 $p_{\Gamma,k-1}^{(i)}(\boldsymbol{x}|\boldsymbol{z}_i)$，$i=1, \cdots, |\boldsymbol{Z}_{k-1}|$。

在对目标新生概率的建模中，首先将其假设为传统概率模型，即基于目标新生期望数的均匀分配模型，并对此期望 $B_{\Gamma,k}$ 进行假设，如 $\hat{B}_{\Gamma,k}=0.2$。因此，假设的目标新生强度可以表示为

$$\hat{\pi}_{\Gamma,k}=\{(\hat{r}_{\Gamma,k-1}^{(i)}, p_{\Gamma,k-1}^{(i)}(\boldsymbol{x}|\boldsymbol{z}_i))\}_{i=1}^{|\boldsymbol{Z}_{k-1}|} \tag{4-3}$$

其中，新生概率 $\hat{r}_{\Gamma,k-1}^{(i)}=\hat{B}_{\Gamma,k}/|\boldsymbol{Z}_{k-1}|$。$\hat{\pi}_{\Gamma,k}$ 可以看作对未知目标新生初始情况的一种推测。

$k-1$ 时刻目标的后验概率密度服从多伯努利分布，可以表示为

$$\pi_{k-1}=\{(r_{k-1}^{(i)},\ p_{k-1}^{(i)})\}_{i=1}^{M_{k-1}} \tag{4-4}$$

通过标准的 CBMeMBer 滤波预测，存活目标的预测后验概率密度可以表示为

$$\pi_{P,\,k|k-1}=\{(r_{P,\,k|k-1}^{(i)},\ p_{P,\,k|k-1}^{(i)})\}_{i=1}^{M_{k-1}} \tag{4-5}$$

根据此存活目标的预测信息和当前时刻的量测 $z'\in \boldsymbol{Z}_k$ 对假设的目标新生强度 $\hat{\pi}_{\Gamma,k}$ 进行修正，可以得到改进的目标新生概率 $\tilde{r}_{\Gamma,\,k-1}^{(i)}$，$i=1,\ \cdots,\ |\boldsymbol{Z}_{k-1}|$。分别考虑传感器漏检和非漏检情况，每一个改进的新生概率可以通过下式计算

$$\tilde{r}_{\Gamma,\,k-1}^{(i)}=\tilde{r}_{L\Gamma,\,k-1}^{(i)}+\tilde{r}_{U\Gamma,\,k-1}^{(i)} \tag{4-6}$$

其中，$\tilde{r}_{L\Gamma,\,k-1}^{(i)}$ 和 $\tilde{r}_{U\Gamma,\,k-1}^{(i)}$ 分别表示对传感器漏检和检测情况下新生概率的修正。$\tilde{r}_{L\Gamma,\,k-1}^{(i)}$ 可以表示为

$$\tilde{r}_{L\Gamma,\,k-1}^{(i)}=\hat{r}_{\Gamma,\,k-1}^{(i)}\frac{1-\langle p_{\Gamma,\,k-1}^{(i)}(\cdot\,|z_i),\ p_{D,\,k}\rangle}{1-\hat{r}_{\Gamma,\,k-1}^{(i)}\langle p_{\Gamma,\,k-1}^{(i)}(\cdot\,|z_i),\ p_{D,\,k}\rangle} \tag{4-7}$$

其推导与标准 CBMeMBer 滤波更新中的漏检情况类似，$\tilde{r}_{U\Gamma,\,k-1}^{(i)}$ 可以表示为

$$\tilde{r}_{U\Gamma,\,k-1}^{(i)}=\sum_{z'\in \boldsymbol{Z}_k}\frac{C_k(z')}{\kappa_k(z')+S_{\Gamma k}(z')+S_{Uk}(z')} \tag{4-8}$$

其中

$$C_k(z')=\frac{\hat{r}_{\Gamma,\,k-1}^{(i)}(1-\hat{r}_{\Gamma,\,k-1}^{(i)})\langle p_{\Gamma,\,k-1}^{(i)}(\cdot\,|z_i),\ \psi_{k,\,z'}\rangle}{(1-\hat{r}_{\Gamma,\,k-1}^{(i)}\langle p_{\Gamma,\,k-1}^{(i)}(\cdot\,|z_i),\ p_{D,\,k}\rangle)^2} \tag{4-9}$$

$$S_{\Gamma k}(z')=\sum_{i=1}^{|\boldsymbol{Z}_{k-1}|}\frac{\hat{r}_{\Gamma,\,k-1}^{(i)}\langle p_{\Gamma,\,k-1}^{(i)}(\cdot\,|\,z_i),\ \psi_{k,\,z'}\rangle}{1-\hat{r}_{\Gamma,\,k-1}^{(i)}\langle p_{\Gamma,\,k-1}^{(i)}(\cdot\,|\,z_i),\ p_{D,\,k}\rangle} \tag{4-10}$$

$$S_{Uk}(z')=\sum_{i=1}^{M_{k-1}}\frac{r_{P,\,k|k-1}^{(i)}\langle p_{P,\,k|k-1}^{(i)},\ \psi_{k,\,z'}\rangle}{1-r_{P,\,k|k-1}^{(i)}\langle p_{P,\,k|k-1}^{(i)},\ p_{D,\,k}\rangle} \tag{4-11}$$

其中，$C_k(\cdot)$函数用于描述目标新生项和量测的相关性，$S_{\Gamma k}(\cdot)$和 $S_{Uk}(\cdot)$为归一化因子。通过式(4-6)～(4-11)对假设的目标新生概率进行修正，改进后的新生概率 $\tilde{r}_{\Gamma,\,k-1}^{(i)}$ 可以更为合理地描述目标于相应区域新生的可能性。

由于杂波和存活目标的影响，$\tilde{r}_{\Gamma,k-1}^{(i)}$ 可能会出现修正值过大的情况。因此，引入新生概率上界 $r_{\max}$ 对 $\tilde{r}_{\Gamma,k-1}^{(i)}$ 进行刚性限制。至此，完成对目标新生概率的建模，新的目标新生概率可以表示为

$$r_{\Gamma,k-1}^{(i)}=\min(\tilde{r}_{\Gamma,k-1}^{(i)},r_{\max}),\ i=1,\cdots,|\boldsymbol{Z}_{k-1}| \tag{4-12}$$

表 4.1 列出了目标新生概率模型的建模方法。

表 4.1 目标未知新生概率建模方法

• 输入：$\boldsymbol{Z}_{k-1}$，$\hat{B}_{\Gamma,k}$，π_{k-1}，$\boldsymbol{Z}_k$ • 输出：$r_{\Gamma,k-1}^{(i)}$，$i=1,\cdots,|\boldsymbol{Z}_{k-1}|$
步骤 1：通过 $\boldsymbol{Z}_{k-1}$ 建模 $p_{\Gamma,k-1}^{(i)}(\cdot\|\boldsymbol{z}_i)$，$i=1,\cdots,|\boldsymbol{Z}_{k-1}|$ $\hat{r}_{\Gamma,k-1}^{(i)}=\hat{B}_{\Gamma,k}/|\boldsymbol{Z}_{k-1}|$ 步骤 2：通过 π_{k-1}、式(2-37)、式(2-38)得到 $\pi_{P,k\|k-1}$ 步骤 3：$p_{\Gamma,k-1}^{(i)}(\cdot\|\boldsymbol{z}_i)$，$\hat{r}_{\Gamma,k-1}^{(i)}$ 带入式(4-7)得到 $\tilde{r}_{L\Gamma,k-1}^{(i)}$ $p_{\Gamma,k-1}^{(i)}(\cdot\|\boldsymbol{z}_i)$，$\hat{r}_{\Gamma,k-1}^{(i)}$，$\pi_{P,k\|k-1}$ 带入式(4-8)得到 $\tilde{r}_{U\Gamma,k-1}^{(i)}$ $\tilde{r}_{\Gamma,k-1}^{(i)}=\tilde{r}_{L\Gamma,k-1}^{(i)}+\tilde{r}_{U\Gamma,k-1}^{(i)}$，即式(4-6) 步骤 4：$r_{\Gamma,k-1}^{(i)}=\min(\tilde{r}_{\Gamma,k-1}^{(i)},r_{\max})$，$i=1,\cdots,|\boldsymbol{Z}_{k-1}|$，即式(4-12)

2. 预测步骤

在式(4-3)中，用 $r_{\Gamma,k-1}^{(i)}$，$i=1,\cdots,|\boldsymbol{Z}_{k-1}|$ 替换假设的目标新生概率 $\hat{r}_{\Gamma,k-1}^{(i)}$，$i=1,\cdots,|\boldsymbol{Z}_{k-1}|$，得到新的目标新生强度模型 $\{(r_{\Gamma,k-1}^{(i)},p_{\Gamma,k-1}^{(i)}(\cdot|\boldsymbol{z}_i))\}_{i=1}^{|\boldsymbol{Z}_{k-1}|}$。由于存活目标的预测概率密度 $\pi_{P,k|k-1}$ 与新生目标强度相互独立，且在新生强度建模的过程中已经得到，可以直接保留该结果，并参与下一步的滤波。因此，目标的预测概率密度可以直接表示为

$$\pi_{k|k-1}=\{(r_{\Gamma,k-1}^{(i)},p_{\Gamma,k-1}^{(i)}(\boldsymbol{x}|\boldsymbol{z}_i))\}_{i=1}^{|\boldsymbol{Z}_{k-1}|}\cup\{(r_{P,k|k-1}^{(i)},p_{P,k|k-1}^{(i)})\}_{i=1}^{M_{k-1}} \tag{4-13}$$

3. 更新步骤

将式(4-13)表示为式(2-39)的形式，其中，$M_{k|k-1}=|\boldsymbol{Z}_{k-1}|+M_{k-1}$。滤波的更新过程与标准 CBMeMBer 滤波相同。需要注意的是，由式计算得到的归一化因子也会加入更新步骤，因此可以在新生强度建模结束后继续保留，以

便在后续滤波中直接引用。至此，k 时刻滤波递归计算结束。

4.3.2　粒子实现

本小节给出了所提算法的 SMC 实现。在 $k-1$ 时刻，目标的后验概率密度可表示为式(4-4)，其中

$$p_{k-1}^{(i)}(\boldsymbol{x})=\sum_{j=1}^{L_{k-1}^{(i)}} w_{k-1}^{(i,j)} \delta_{x_{k-1}^{(i,j)}}(\boldsymbol{x}) \tag{4-14}$$

可以看出，$p_{k-1}^{(i)}(\boldsymbol{x})$ 可以表示为加权的粒子集合 $\{w_{k-1}^{(i,j)}, \boldsymbol{x}_{k-1}^{(i,j)}\}_{j=1}^{L_{k-1}^{(i)}}$ 形式，其中，$L_{k-1}^{(i)}$ 表示粒子数目。

1. 目标新生密度

在 $\{(r_{\Gamma,k-1}^{(i)}, p_{\Gamma,k-1}^{(i)}(\cdot|\boldsymbol{z}_i))\}_{i=1}^{|\boldsymbol{Z}_{k-1}|}$ 中，通过前一时刻量测 $\boldsymbol{z}_i\in\boldsymbol{Z}_{k-1}$ 对 $p_{\Gamma,k-1}^{(i)}(\cdot|\boldsymbol{z}_i)$ 进行建模，并用加权的粒子集合 $\boldsymbol{x}_{\Gamma,k-1}^{(i,j)}$，$j=1,\cdots,L_{\Gamma,k-1}^{(i)}$ 拟合其分布，同时假设每一个粒子的权重相同，即 $w_{\Gamma,k-1}^{(i,j)}=\dfrac{1}{L_{\Gamma,k-1}^{(i)}}$。因此，新生密度 $p_{\Gamma,k-1}^{(i)}(\cdot|\boldsymbol{z}_i)$ 可以表示为如下形式：

$$p_{\Gamma,k-1}^{(i)}(\boldsymbol{x}\mid\boldsymbol{z}_i)=\sum_{j=1}^{L_{\Gamma,k-1}^{(i)}} w_{\Gamma,k-1}^{(i,j)} \delta_{x_{\Gamma,k-1}^{(i,j)}}(\boldsymbol{x}) \tag{4-15}$$

2. 目标新生概率

在 $\{(r_{\Gamma,k-1}^{(i)}, p_{\Gamma,k-1}^{(i)}(\cdot|\boldsymbol{z}_i))\}_{i=1}^{|\boldsymbol{Z}_{k-1}|}$ 中，$r_{\Gamma,k-1}^{(i)}$ 通过预处理步骤计算，具体过程如下：

存活目标的预测概率密度 $\{(r_{P,k|k-1}^{(i)}, p_{P,k|k-1}^{(i)})\}_{i=1}^{M_{k-1}}$ 可以通过式(3-73)～(3-76)表示，为便于理解，将其重新列出如下：

$$r_{P,k|k-1}^{(i)}=r_{k-1}^{(i)}\sum_{j=1}^{L_{k-1}^{(i)}} w_{k-1}^{(i,j)} p_{S,k}(\boldsymbol{x}_{k-1}^{(i,j)}) \tag{4-16}$$

$$p_{P,k|k-1}^{(i)}(\boldsymbol{x})=\sum_{j=1}^{L_{k-1}^{(i)}} w_{P,k|k-1}^{(i,j)} \delta_{x_{P,k|k-1}^{(i,j)}}(\boldsymbol{x}) \tag{4-17}$$

其中

$$\boldsymbol{x}_{P,k|k-1}^{(i,j)}\sim q_k^{(i)}(\cdot|\boldsymbol{x}_{k-1}^{(i,j)},\boldsymbol{Z}_k),\ j=1,\cdots,L_{k-1}^{(i)} \tag{4-18}$$

$$w_{P,k|k-1}^{(i,j)}=\frac{\dfrac{w_{k-1}^{(i,j)}f_{k|k-1}(\boldsymbol{x}_{P,k|k-1}^{(i,j)}\mid\boldsymbol{x}_{k-1}^{(i,j)})p_{S,k}(\boldsymbol{x}_{k-1}^{(i,j)})}{q_k^{(i)}(\boldsymbol{x}_{P,k|k-1}^{(i,j)}\mid\boldsymbol{x}_{k-1}^{(i,j)},\boldsymbol{Z}_k)}}{\sum_{j=1}^{L_{k-1}^{(i)}}w_{k-1}^{(i,j)}p_{S,k}(\boldsymbol{x}_{k-1}^{(i,j)})} \tag{4-19}$$

修正的目标新生概率 $\tilde{r}_{\Gamma,k-1}^{(i)}$ 通过式(4-6)计算，其中，$\tilde{r}_{L\Gamma,k-1}^{(i)}$ 可以表示为

$$\tilde{r}_{L\Gamma,k-1}^{(i)}=\hat{r}_{\Gamma,k-1}^{(i)}\frac{1-\sum_{j=1}^{L_{\Gamma,k-1}^{(i)}}w_{\Gamma,k-1}^{(i,j)}p_{D,k}(\boldsymbol{x}_{\Gamma,k-1}^{(i,j)})}{1-\hat{r}_{\Gamma,k-1}^{(i)}\sum_{j=1}^{L_{\Gamma,k-1}^{(i)}}w_{\Gamma,k-1}^{(i,j)}p_{D,k}(\boldsymbol{x}_{\Gamma,k-1}^{(j)})} \tag{4-20}$$

$\tilde{r}_{U\Gamma,k-1}(\boldsymbol{z})$可以表示为式(4-8)，并且有

$$C_k(\boldsymbol{z}')=\frac{\hat{r}_{\Gamma,k-1}^{(i)}(1-\hat{r}_{\Gamma,k-1}^{(i)})\sum_{j=1}^{L_{\Gamma,k-1}^{(i)}}w_{\Gamma,k-1}^{(i,j)}\psi_{k,z'}(\boldsymbol{x}_{\Gamma,k-1}^{(i,j)})}{\left(1-\hat{r}_{\Gamma,k-1}^{(i)}\sum_{j=1}^{L_{\Gamma,k-1}^{(i)}}w_{\Gamma,k-1}^{(i,j)}p_{D,k}(\boldsymbol{x}_{\Gamma,k-1}^{(i,j)})\right)^2} \tag{4-21}$$

$$S_{\Gamma k}(\boldsymbol{z}')=\sum_{i=1}^{|\boldsymbol{Z}_{k-1}|}\frac{\hat{r}_{\Gamma,k-1}^{(i)}\sum_{j=1}^{L_{\Gamma,k-1}^{(i)}}w_{\Gamma,k-1}^{(i,j)}\psi_{k,z'}(\boldsymbol{x}_{\Gamma,k-1}^{(i,j)})}{1-\hat{r}_{\Gamma,k-1}^{(i)}\sum_{j=1}^{L_{\Gamma,k-1}^{(i)}}w_{\Gamma,k-1}^{(i,j)}p_{D,k}(\boldsymbol{x}_{\Gamma,k-1}^{(i,j)})} \tag{4-22}$$

$$S_{Uk}(\boldsymbol{z}')=\sum_{i=1}^{M_{k-1}}\frac{r_{P,k|k-1}^{(i)}\sum_{j=1}^{L_{k-1}^{(i)}}w_{P,k|k-1}^{(i,j)}\psi_{k,z'}(\boldsymbol{x}_{P,k|k-1}^{(i,j)})}{1-r_{P,k|k-1}^{(i)}\sum_{j=1}^{L_{k-1}^{(i)}}w_{P,k|k-1}^{(i,j)}p_{D,k}(\boldsymbol{x}_{P,k|k-1}^{(i,j)})} \tag{4-23}$$

通过式(4-12)可以得到目标的新生概率 $r_{\Gamma,k-1}^{(i)}$。

3. 预测

在正式滤波中，目标的预测概率密度将$\{(r_{\Gamma,k-1}^{(i)},p_{\Gamma,k-1}^{(i)}(\cdot|\boldsymbol{Z}_i))\}_{i=1}^{|\boldsymbol{Z}_{k-1}|}$和$\{(r_{P,k|k-1}^{(i)},p_{P,k|k-1}^{(i)})\}_{i=1}^{M_{k-1}}$合并，表示为$\{(r_{k|k-1}^{(i)},p_{k|k-1}^{(i)})\}_{i=1}^{M_{k|k-1}}$，其中

$$p_{k|k-1}^{(i)}(\boldsymbol{x})=\sum_{j=1}^{L_{k|k-1}^{(i)}}w_{k|k-1}^{(i,j)}\delta_{\boldsymbol{x}_{k|k-1}^{(i,j)}}(\boldsymbol{x}) \tag{4-24}$$

4. 更新

目标的后验概率密度可以通过式(2-40)表示，并且计算如下：

$$r_{L,k}^{(i)}=r_{k|k-1}^{(i)}\frac{1-\sum_{j=1}^{L_{k|k-1}^{(i)}}w_{k|k-1}^{(i,j)}p_{D,k}(\boldsymbol{x}_{k|k-1}^{(i,j)})}{1-r_{k|k-1}^{(i)}\sum_{j=1}^{L_{k|k-1}^{(i)}}w_{k|k-1}^{(i,j)}p_{D,k}(\boldsymbol{x}_{k|k-1}^{(i,j)})} \tag{4-25}$$

$$p_{L,k}^{(i)}(\boldsymbol{x})=\sum_{j=1}^{L_{k|k-1}^{(i)}}w_{L,k}^{(i,j)}\delta_{x_{k|k-1}^{(i,j)}}(\boldsymbol{x}) \tag{4-26}$$

$$r_{U,k}(\boldsymbol{z})=\frac{\sum_{i=1}^{M_{k|k-1}}\frac{r_{k|k-1}^{(i)}(1-r_{k|k-1}^{(i)})\sum_{j=1}^{L_{k|k-1}^{(i)}}w_{k|k-1}^{(i,j)}\psi_{k,z}(\boldsymbol{x}_{k|k-1}^{(i,j)})}{\left(1-r_{k|k-1}^{(i)}\sum_{j=1}^{L_{k|k-1}^{(i)}}w_{k|k-1}^{(i,j)}p_{D,k}(\boldsymbol{x}_{k|k-1}^{(i,j)})\right)^2}}{\kappa_k(\boldsymbol{z})+\sum_{i=1}^{M_{k|k-1}}\frac{r_{k|k-1}^{(i)}\sum_{j=1}^{L_{k|k-1}^{(i)}}w_{k|k-1}^{(i,j)}\psi_{k,z}(\boldsymbol{x}_{k|k-1}^{(i,j)})}{1-r_{k|k-1}^{(i)}\sum_{j=1}^{L_{k|k-1}^{(i)}}w_{k|k-1}^{(i,j)}p_{D,k}(\boldsymbol{x}_{k|k-1}^{(i,j)})}} \tag{4-27}$$

$$p_{U,k}(\boldsymbol{x};\boldsymbol{z})=\sum_{i=1}^{M_{k|k-1}}\sum_{j=1}^{L_{k|k-1}^{(i)}}w_{U,k}^{(i,j)}(\boldsymbol{z})\delta_{x_{k|k-1}^{(i,j)}}(\boldsymbol{x}) \tag{4-28}$$

其中

$$w_{L,k}^{(i,j)}=\frac{w_{k|k-1}^{(i,j)}(1-p_{D,k}(\boldsymbol{x}_{k|k-1}^{(i,j)}))}{\sum_{j=1}^{L_{k|k-1}^{(i)}}w_{k|k-1}^{(i,j)}(1-p_{D,k}(\boldsymbol{x}_{k|k-1}^{(i,j)}))} \tag{4-29}$$

$$w_{U,k}^{(i,j)}(\boldsymbol{z})=\frac{w_{k|k-1}^{(i,j)}\frac{r_{k|k-1}^{(i)}}{1-r_{k|k-1}^{(i)}}\psi_{k,z}(\boldsymbol{x}_{k|k-1}^{(i,j)})}{\sum_{i=1}^{M_{k|k-1}}\sum_{j=1}^{L_{k|k-1}^{(i)}}w_{k|k-1}^{(i,j)}\frac{r_{k|k-1}^{(i)}}{1-r_{k|k-1}^{(i)}}\psi_{k,z}(\boldsymbol{x}_{k|k-1}^{(i,j)})} \tag{4-30}$$

重采样、修剪过程、目标数估计和目标状态提取均与 3.3.3 小节中的 SMC 实现类似，此处不再赘述。

4.4 未知新生强度势均衡多伯努利滤波的快速实现

4.4.1 量测似然函数

针对由未知新生模型导致的滤波实时性下降问题，本小节将介绍一种基于量测噪声协方差的门限方法，通过构造合适的门限去除无效量测似然信息，并将其应用于上节所述的 SMC-CBMeMBer 滤波。

在滤波更新中，量测似然函数通常可以表示为

$$l_k(\boldsymbol{x} \mid \boldsymbol{z}) \stackrel{\text{def}}{=} g_k(\boldsymbol{z} \mid \boldsymbol{x}) \tag{4-31}$$

为了降低滤波的运算量，可在滤波更新前对每一个量测似然函数作预判断，由此来决定该量测似然是否保留并参与目标的后验概率密度更新。

在观测空间中，对于每一个目标状态 $\boldsymbol{x}$ 都存在一个基于量测函数的映射，即

$$\breve{\boldsymbol{z}} = h(\boldsymbol{x}) \tag{4-32}$$

如果该映射 $\breve{\boldsymbol{z}}$ 距离量测 $\boldsymbol{z}$ 很远，则其相应的目标状态与此量测匹配的可能性很低，其量测似然函数值也会很小，即对目标的后验概率密度估计贡献有限。因此，这样的似然函数可以被直接剔除，以减少更新过程中的无用运算。本小节通过门限来判定映射 $\breve{\boldsymbol{z}}$ 和量测 $\boldsymbol{z}$ 的距离，并以此改进目标的量测似然函数。改进后的量测似然可以表示为如下形式：

$$\tilde{l}_k(\boldsymbol{x} \mid \boldsymbol{z}) = \begin{cases} g_k(\boldsymbol{z} \mid \boldsymbol{x}), & \boldsymbol{D}(\breve{\boldsymbol{z}}, \boldsymbol{z}) \leqslant \boldsymbol{U} \\ 0, & \text{其他} \end{cases} \tag{4-33}$$

其中，$\boldsymbol{U}$ 表示门限，$\boldsymbol{D}(\breve{\boldsymbol{z}}, \boldsymbol{z})$表示映射 $\breve{\boldsymbol{z}}$ 和量测 $\boldsymbol{z}$ 的距离。

注意到映射 $\breve{\boldsymbol{z}} = [\breve{z}_1, \cdots, \breve{z}_n]^{\mathrm{T}} = [h(\boldsymbol{x})_1, \cdots, h(\boldsymbol{x})_n]^{\mathrm{T}}$ 和量测 $\boldsymbol{z} = [z_1, \cdots, z_n]^{\mathrm{T}}$ 在一般情况下均为多维向量，其中，n 表示观测空间的维度。因此，将距离 $\boldsymbol{D}(\breve{\boldsymbol{z}}, \boldsymbol{z})$和门限 $\boldsymbol{U}$ 按元素展开后，式(4-33)中的判决函数可以完整地表示为

$$\boldsymbol{D}(\breve{\boldsymbol{z}}, \boldsymbol{z}) \leqslant \boldsymbol{U} \Leftrightarrow \begin{cases} d(\breve{z}_1, z_1) \leqslant u_1 \\ \vdots \\ d(\breve{z}_n, z_n) \leqslant u_n \end{cases} \tag{4-34}$$

其中，$d(\breve{z}_i, z_i)$，$i=1, \cdots, n$ 表示映射 $\breve{\boldsymbol{z}}$ 和量测 $\boldsymbol{z}$ 中相应元素的距离，如欧氏距离、马氏距离等，u_i，$i=1, \cdots, n$ 表示相应的门限。

4.4.2 门限的选择

改进的量测似然模型通过比较距离 $\boldsymbol{D}(\breve{z}, \boldsymbol{z})$ 与门限 $\boldsymbol{U}$ 来进行判别和删减。因此，合适的门限 $\boldsymbol{U}$ 应该能够恰当地反映量测似然 $g_k(\boldsymbol{z}|\boldsymbol{x})$ 和距离 $\boldsymbol{D}(\breve{z}, \boldsymbol{z})$ 之间的联系。本小节采用量测噪声作为门限选择的基本参数。

假设量测噪声服从零均值高斯分布，且其协方差矩阵为

$$\boldsymbol{R}=\text{diag}([\sigma_1^2, \cdots, \sigma_n^2]^{\mathrm{T}}) \tag{4-35}$$

其中，$\sigma_i(i=1, \cdots, n)$ 表示噪声标准差。

门限 $\boldsymbol{U}=[u_1, \cdots, u_n]$ 可以设定为 $[\Delta_1\times\sigma_1, \cdots, \Delta_n\times\sigma_n]$，其中，$\Delta_i(i=1, \cdots, n)$ 表示非负的尺度参数。该尺度参数为量测噪声标准差 σ_i 的系数，可用来调整门限分量 u_i，对其进行缩放。简单起见，这里将门限的尺度参数统一设定为 $\Delta_1=\cdots=\Delta_n=\Delta$。因此，门限分量 u_i 可以重新表示为

$$u_i=\Delta\times\sigma_i, \ i=1, \cdots, n \tag{4-36}$$

显然，在量测函数和量测噪声已知的情况下，有效的量测似然信息得以保留的概率可以表示为

$$\theta_\Delta=P(d(\breve{z}_i, z_i)\leqslant\Delta\times\sigma_i), \ i=1, \cdots, n \tag{4-37}$$

其中，$P(d(\breve{z}_i, z_i)\leqslant\Delta\times\sigma_i)$ 表示在第 i 维观测空间中距离分量不超过门限分量的概率。通过量测噪声的累积分布函数(Cumulative Distribution Function, CDF)，概率 θ_Δ 可以轻易得到。比如在零均值高斯量测噪声下，可以得到 $\theta_{\Delta=1}\approx 68.27\%$、$\theta_{\Delta=2}\approx 95.45\%$、$\theta_{\Delta=3}\approx 99.73\%$ 和 $\theta_{\Delta=4}\approx 99.99\%$。另一方面，如果存在一个对概率 θ_Δ 的期望，比如 $\theta_\Delta=98\%$，那么，通过 CDF 的逆运算，同样可以得到相应合适的尺度参数 Δ。

为了将改进的量测似然引入基于 RFS 的贝叶斯滤波中，需对更新步骤中的杂波密度模型进行校正。对于常见的均匀分布的杂波密度模型，校正后的杂波密度可以表示为

$$\tilde{\kappa}_k(\boldsymbol{z})=\theta_\Delta\times\kappa_k(\boldsymbol{z}) \tag{4-38}$$

上式表示以比例 θ_Δ 保留部分杂波，这与改进的量测似然一致。在 CBMeMBer 滤波中，引入改进的量测似然，其后验概率密度的量测更新部分可以重新表示为

$$r_{U,k}(\boldsymbol{z})=\frac{\displaystyle\sum_{i=1}^{M_{k|k-1}}\frac{r_{k|k-1}^{(i)}(1-r_{k|k-1}^{(i)})\langle p_{k|k-1}^{(i)}, \tilde{\psi}_{k,z}\rangle}{(1-r_{k|k-1}^{(i)}\langle p_{k|k-1}^{(i)}, p_{D,k}\rangle)^2}}{\displaystyle\tilde{\kappa}_k(\boldsymbol{z})+\sum_{i=1}^{M_{k|k-1}}\frac{r_{k|k-1}^{(i)}\langle p_{k|k-1}^{(i)}, \tilde{\psi}_{k,z}\rangle}{1-r_{k|k-1}^{(i)}\langle p_{k|k-1}^{(i)}, p_{D,k}\rangle}} \tag{4-39}$$

$$p_{U,k}(\boldsymbol{x};\boldsymbol{z})=\frac{\sum_{i=1}^{M_{k|k-1}}\frac{r_{k|k-1}^{(i)}}{1-r_{k|k-1}^{(i)}}p_{k|k-1}^{(i)}(\boldsymbol{x})\tilde{\psi}_{k,z}(\boldsymbol{x})}{\sum_{i=1}^{M_{k|k-1}}\frac{r_{k|k-1}^{(i)}}{1-r_{k|k-1}^{(i)}}\langle p_{k|k-1}^{(i)},\tilde{\psi}_{k,z}\rangle}\tag{4-40}$$

其中

$$\tilde{\psi}_{k,z}(\boldsymbol{x})=\tilde{l}_k(\boldsymbol{x}|\boldsymbol{z})p_{D,k}(\boldsymbol{x})\tag{4-41}$$

在此更新中，目标状态为当前时刻的预测，而非目标的真实状态。因此，概率 θ_Δ 并不能精确衡量有用量测似然的保留比例。由于考虑到实际滤波中，目标的预测和真实状态不会出现过大的偏差，因此，概率 θ_Δ 依然可以在尺度参数的选择中作为主要的参考依据。

4.4.3 快速未知新生强度势均衡多伯努利滤波

本小节将上述改进的量测似然引入 SMC-CBMeMBer 滤波中，介绍了一种快速未知新生强度 SMC-CBMeMBer 滤波方法，该方法通过减少无用的量测似然计算，有效提高了算法的实时性。图 4.2 给出了引入门限方法的 CBMeMBer 滤波过程。

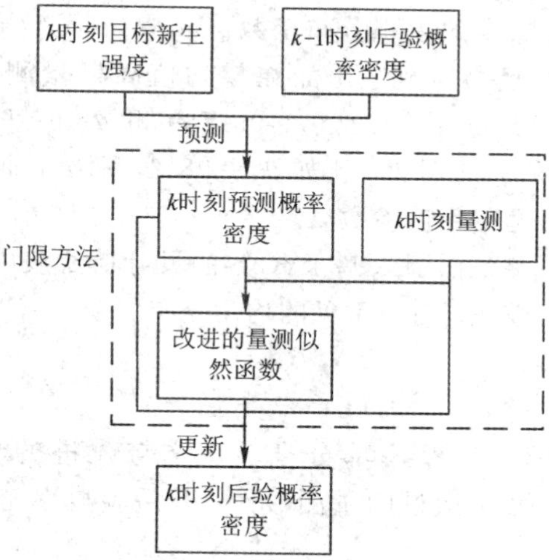

图 4.2 引入门限方法的 CBMeMBer 滤波过程

该方法中，预处理步骤和更新步骤都需要引入门限来删减无用的似然计算。将杂波密度 $\kappa_k(\boldsymbol{z})$ 替换为 $\tilde{\kappa}_k(\boldsymbol{z})$，将量测似然 $l_k(\boldsymbol{x}|\boldsymbol{z})$ 替换为 $\tilde{l}_k(\boldsymbol{x}|\boldsymbol{z})$，预处理步骤中的式(4-8)可以重新表示为

$$\tilde{r}_{U\Gamma,k-1}^{(i)}=\sum_{z'\in Z_k}\frac{\tilde{C}_k(\boldsymbol{z}')}{\tilde{\kappa}_k(\boldsymbol{z}')+\tilde{S}_{\Gamma k}(\boldsymbol{z}')+\tilde{S}_{Uk}(\boldsymbol{z}')}\tag{4-42}$$

其中

$$\tilde{C}_k(\boldsymbol{z}')=\frac{\hat{r}_{\Gamma,k-1}^{(i)}(1-\hat{r}_{\Gamma,k-1}^{(i)})\sum_{j=1}^{L_{\Gamma,k-1}^{(i)}}w_{\Gamma,k-1}^{(i,j)}\tilde{\psi}_{k,z'}(\boldsymbol{x}_{\Gamma,k-1}^{(i,j)})}{\left(1-\hat{r}_{\Gamma,k-1}^{(i)}\sum_{j=1}^{L_{\Gamma,k-1}^{(i)}}w_{\Gamma,k-1}^{(i,j)}p_{D,k}(\boldsymbol{x}_{\Gamma,k-1}^{(i,j)})\right)^2}\tag{4-43}$$

$$\tilde{S}_{\Gamma k}(\boldsymbol{z}')=\sum_{i=1}^{|\boldsymbol{Z}_{k-1}|}\frac{\hat{r}_{\Gamma,k-1}^{(i)}\sum_{j=1}^{L_{\Gamma,k-1}^{(i)}}w_{\Gamma,k-1}^{(i,j)}\tilde{\psi}_{k,z'}(\boldsymbol{x}_{\Gamma,k-1}^{(i,j)})}{1-\hat{r}_{\Gamma,k-1}^{(i)}\sum_{j=1}^{L_{\Gamma,k-1}^{(i)}}w_{\Gamma,k-1}^{(i,j)}p_{D,k}(\boldsymbol{x}_{\Gamma,k-1}^{(i,j)})}\tag{4-44}$$

$$\tilde{S}_{Uk}(\boldsymbol{z}')=\sum_{i=1}^{M_{k-1}}\frac{r_{P,k|k-1}^{(i)}\sum_{j=1}^{L_{k-1}^{(i)}}w_{P,k|k-1}^{(i,j)}\tilde{\psi}_{k,z'}(\boldsymbol{x}_{P,k|k-1}^{(i,j)})}{1-r_{P,k|k-1}^{(i)}\sum_{j=1}^{L_{k-1}^{(i)}}w_{P,k|k-1}^{(i,j)}p_{D,k}(\boldsymbol{x}_{P,k|k-1}^{(i,j)})}\tag{4-45}$$

更新步骤中的式(4-27)可以重新表示为

$$r_{U,k}(\boldsymbol{z})=\frac{\sum_{i=1}^{M_{k|k-1}}\frac{r_{k|k-1}^{(i)}(1-r_{k|k-1}^{(i)})\sum_{j=1}^{L_{k|k-1}^{(i)}}w_{k|k-1}^{(i,j)}\tilde{\psi}_{k,z}(\boldsymbol{x}_{k|k-1}^{(i,j)})}{\left(1-r_{k|k-1}^{(i)}\sum_{j=1}^{L_{k|k-1}^{(i)}}w_{k|k-1}^{(i,j)}p_{D,k}(\boldsymbol{x}_{k|k-1}^{(i,j)})\right)^2}}{\tilde{\kappa}_k(\boldsymbol{z})+\sum_{i=1}^{M_{k|k-1}}\frac{r_{k|k-1}^{(i)}\sum_{j=1}^{L_{k|k-1}^{(i)}}w_{k|k-1}^{(i,j)}\tilde{\psi}_{k,z}(\boldsymbol{x}_{k|k-1}^{(i,j)})}{1-r_{k|k-1}^{(i)}\sum_{j=1}^{L_{k|k-1}^{(i)}}w_{k|k-1}^{(i,j)}p_{D,k}(\boldsymbol{x}_{k|k-1}^{(i,j)})}}\tag{4-46}$$

式(4-30)可以重新表示为

$$w_{U,k}^{(i,j)}(\boldsymbol{z})=\frac{w_{k|k-1}^{(i,j)}\frac{r_{k|k-1}^{(i)}}{1-r_{k|k-1}^{(i)}}\tilde{\psi}_{k,z}(\boldsymbol{x}_{k|k-1}^{(i,j)})}{\sum_{i=1}^{M_{k|k-1}}\sum_{j=1}^{L_{k|k-1}^{(i)}}w_{k|k-1}^{(i,j)}\frac{r_{k|k-1}^{(i)}}{1-r_{k|k-1}^{(i)}}\tilde{\psi}_{k,z}(\boldsymbol{x}_{k|k-1}^{(i,j)})}\tag{4-47}$$

假设量测区域每一维度的大小可以表示为 Λ_i，$i=1, \cdots, n$，由于杂波密度服从均匀分布，与杂波对应的量测似然计算可以总体上降低

$$\left(1-\prod_{i=1}^{n}\frac{2u_i}{\Lambda_i}\right)\times 100\% \qquad (4-48)$$

由于量测区域在每一维度都远大于基于量测噪声的门限分量，即 $\Lambda_i \gg 2u_i$，$i=1, \cdots, n$，因此，该百分比较高。

该快速 CBMeMBer 滤波在对预测概率密度的更新中只考虑了预测项附近的量测，因此可以避免大量冗余的、与杂波或其他目标相关的量测似然计算，从而降低杂波在滤波中的影响，提高目标跟踪精度。值得注意的是，门限的设定不能过低，否则与目标匹配的量测也有可能被当作杂波排除。当门限取值增大时，相关量测被错误排除的概率降低，但杂波的影响也会相应增加。在门限的选择中，需对这两方面进行折中考虑。一般情况下，门限选择的尺度参数可设为 $\Delta=2\sim5$，即门限相比于观测空间较小但足以保留相关的似然信息。

4.5 实验与分析

本节首先验证快速未知新生强度 CBMeMBer 滤波在选择不同门限时的跟踪精度及运算效率，随后和其他新生模型下的 CBMeMBer 滤波方法进行了对比。仿真场景和基本参数设置与 3.4.2 小节非线性场景相同。滤波算法均为 SMC 实现。

4.5.1 门限选择的有效性验证

快速未知新生强度 CBMeMBer 滤波中的门限尺度参数在 $\Delta=1\sim5$ 区间选择。对应于不同门限，杂波密度 $\tilde{\kappa}$ 通过式(4-38)分别设为 0.68268κ、0.95449κ、0.99730κ、0.99993κ、0.99999κ。

图 4.3 给出了未知新生强度 CBMeMBer 滤波和引入不同门限的快速未知新生强度 CBMeMBer 滤波的目标数估计结果对比。可以看出，尺度参数 $\Delta=1$ 时的快速滤波对目标数的估计偏低，这是由于 $\Delta=1$ 的门限无法稳定地保留与目标相关的量测，导致去除了大量的有效量测似然计算。$\Delta=2$ 时的快速滤波在目标数估计上优于其他尺度参数下的滤波，这是由于 $\Delta=2$ 的门限可以保留绝大部分有效的量测似然，并在此基础上更多地排除了杂波等无关量测的影响。随着门限的增大，将会加入越来越多冗余的似然函数。因此，$\Delta=5$ 时快速滤波的目标数估计已接近于无门限滤波算法。当 Δ 增大至覆盖整个观测区域时，该算法的目标数估计将与无门限算法完全相同。

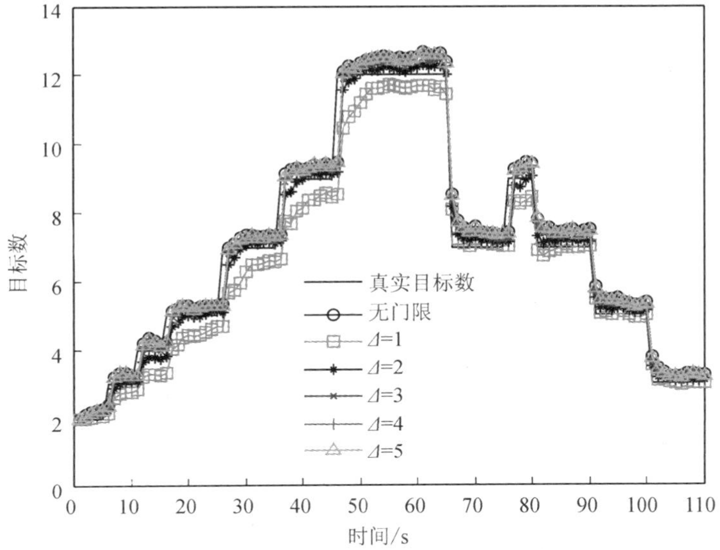

图 4.3　未知新生强度和快速未知新生强度 CBMeMBer 滤波的目标数估计结果

图 4-4 给出了不同滤波算法的 OSPA 距离对比。与图 4.3 情况相似，$\Delta=1$ 时快速滤波的 OSPA 距离最大，而 $\Delta=2$ 时快速滤波的 OSPA 距离最小。

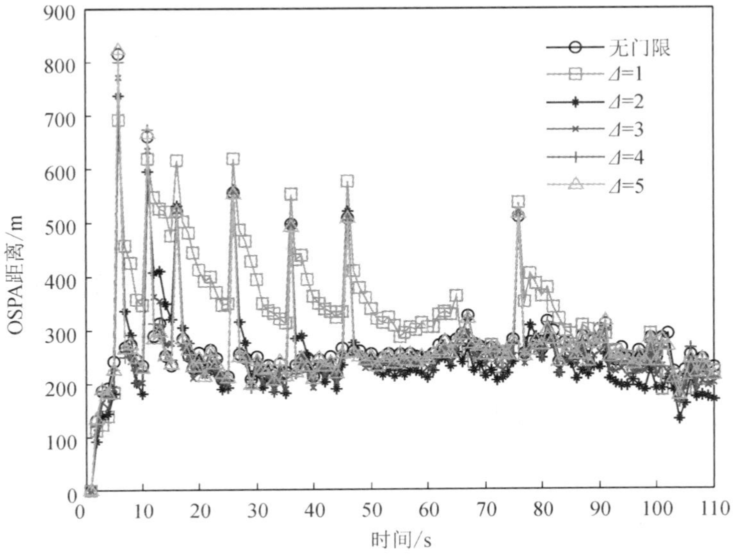

图 4.4　未知新生强度和快速未知新生强度 CBMeMBer 滤波的 OSPA 距离

表 4.2 列出了门限尺度参数 $\Delta=1\sim5$ 时的快速滤波对比无门限滤波算法的 OSPA 距离下降百分比。可以明显地看出，当 Δ 从 1 开始增加时，OSPA 距离从开始的最高值先降至最优，随后再次开始缓慢地增加并逐步接近于无门限的滤波算法。此变化趋势与 4.4.3 小节中所作的分析相一致。

表 4.2　与无门限滤波比较的总 OSPA 距离降低百分比

门限尺度参数	$\Delta=1$	$\Delta=2$	$\Delta=3$	$\Delta=4$	$\Delta=5$
滤波性能提升量	−24.37%	8.33%	6.82%	2.73%	1.19%

图 4.5 给出了滤波算法在不同杂波率下的运行时间对比。可以看出，引入了门限的快速滤波算法的运行时间大大低于无门限的未知新生强度 CBMeMBer 滤波的运行时间，尤其在高杂波率下效果更加明显。当杂波率为 50 时，该算法的运行时间约减小为无门限的未知新生强度 CBMeMBer 滤波的 1/4。当 Δ 取不同值时，快速滤波算法的运行时间增加较为缓慢。这是由于与观测区域相比，所有选定的门限所覆盖的区域都非常有限，如式(4-48)所示。如果大幅加大门限，如选取 $\beta=100$，则运行时间将增至与无门限滤波同一水平。

在此场景中，虽然快速滤波算法在 $\Delta=2$ 时性能最优，但其他几个取值更大的尺度参数也同样能够获得较为可靠的滤波结果。当然，如果取值过大，快速滤波将失去其优势。

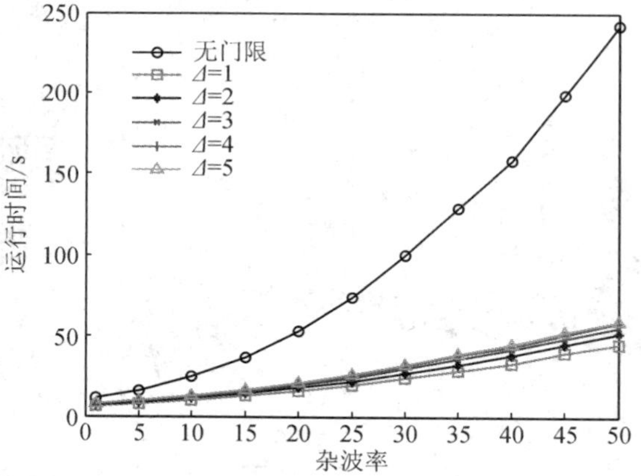

图 4.5　不同杂波率下未知新生强度和快速未知新生强度 CBMeMBer 滤波的运行时间

4.5.2　滤波性能分析

本小节对比了不同新生模型下的 CBMeMBer 滤波。新生模型的选择包括已知新生强度模型、固定新生强度模型、未知新生密度模型以及未知新生强度模型。在未知新生强度 CBMeMBer 滤波中，快速实现的门限尺度参数选择为 $\Delta=2$。表 4.3 列出了不同新生模型的建模方法。

表 4.3　不同新生模型的建模方法

目标新生模型	新生区域	新生概率
已知新生强度	真实区域	真实概率
固定新生强度	6 个固定的可能新生区域	$r_{\Gamma,k}^{(i)}=0.03$，$i=1$，…，6
未知新生密度	前一时刻量测附近区域	$B_{\Gamma,k}=0.18$
未知新生强度	前一时刻量测附近区域	预处理修正

图 4.6 比较了不同滤波算法的目标数估计结果。固定新生强度滤波算法的目标数估计略高于已知新生强度滤波。采用未知新生模型的三种滤波在目标新生时均有一个时刻的时延，这是量测驱动型新生强度的共性问题。很明显，未知新生强度 CBMeMBer 滤波的目标数估计要优于未知新生密度滤波，这是由于在改进的未知新生模型中，通过预处理步骤可以更好地建模目标新生概率，

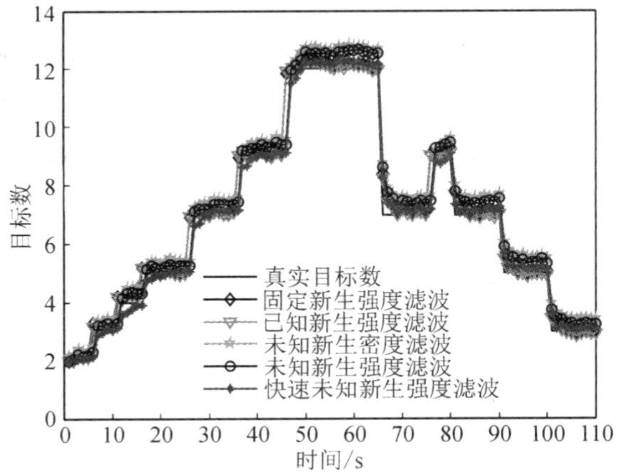

图 4.6　不同新生模型 CBMeMBer 滤波的目标数估计结果

使之更接近真实情况，如图 4.7 所示。由于新生密度模型中包含的量测信息可以看作目标更新的补充项，所以这两种滤波的目标数估计均大于固定新生模型滤波。未知新生强度滤波的快速实现提升了其目标数估计的准确性，与 4.5.1 小节的分析一致。

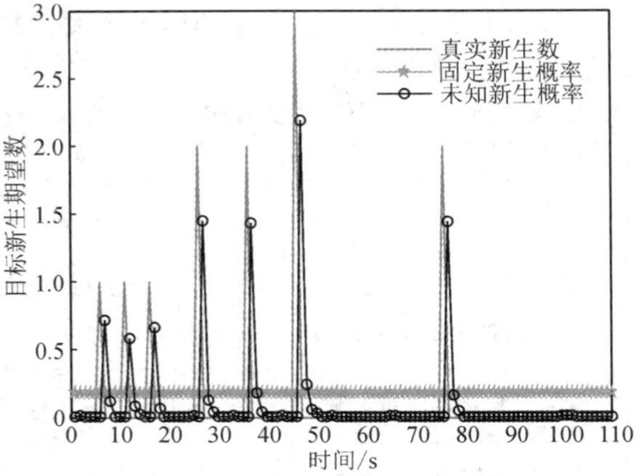

图 4.7 目标新生期望数估计

图 4.8 对比了不同算法的 OSPA 距离。在目标新生时刻，采用未知新生模型的三种滤波的 OSPA 距离都出现了由时延引起的异常。

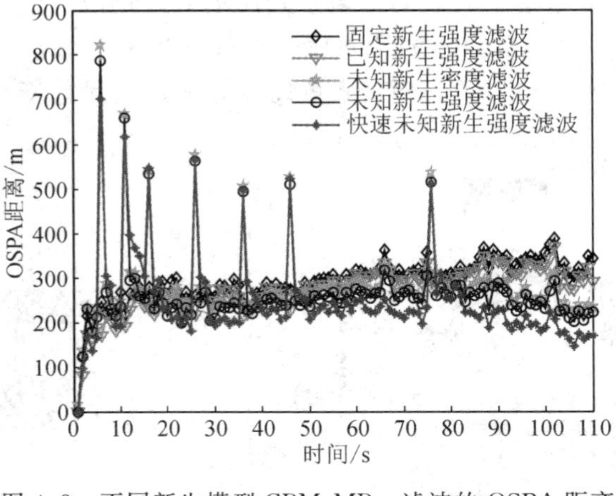

图 4.8 不同新生模型 CBMeMBer 滤波的 OSPA 距离

与图 4.7 类似，未知新生强度滤波的 OSPA 距离小于未知新生密度滤波；已知新生强度滤波的 OSPA 距离小于固定新生强度滤波。除目标新生时刻外，未知新生强度滤波的 OSPA 距离均小于已知和固定新生强度滤波，这是由于新生密度模型中包含的量测信息可以作为匹配项辅助修正目标的状态估计。在采用未知新生模型的三种滤波中，快速未知新生强度 CBMeMBer 滤波的 OSPA 距离最小。

图 4.9 对比了滤波算法在不同杂波率下的运行时间。固定新生强度滤波的运行时间大于已知新生强度滤波，这是由于其包含了更多的新生项，且这些新生项需在每一时刻参与滤波更新。未知新生强度滤波的运行时间大于未知新生密度滤波，这是由于在新生建模过程中，额外引入了预处理步骤。很明显，这两种未知新生模型滤波的运算负担更为繁重，尤其在高杂波背景下。

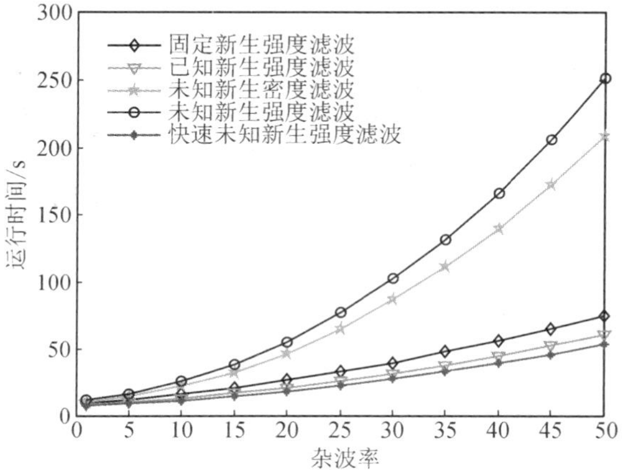

图 4.9　不同杂波率下不同新生模型 CBMeMBer 滤波的运行时间

为了更为直观地比较不同算法的运行时间，表 4.4 单独列出了图 4.9 中杂波率为 50 情况下的滤波运行时间。通过门限的引入，可以看出，快速未知新生强度滤波大大提升了算法的实时性，其运行时间甚至略低于采用固定新生强度模型的标准 CBMeMBer 滤波。

表 4.4　杂波率为 50 时不同滤波的运行时间

滤波算法	固定新生强度	已知新生强度	未知新生密度	未知新生强度	快速实现
运行时间/s	73.8975	59.7363	208.6728	251.4441	52.7258

图 4.10 和图 4.11 进一步对比了在传感器连续发生漏检情况下的滤波算法跟踪精度。在本场景中，一个存活于 36 时刻至 110 时刻的目标会在 41 到 43 时刻发生短暂时间的传感器连续漏检，而另一个存活于 46 时刻至 110 时刻的

目标会在 51 到 60 时刻发生较长时间的传感器连续漏检。可以看出，固定新生强度滤波和已知新生强度滤波在第 41 时刻和第 51 时刻均出现较为严重的跟踪精度下降，且再未得到提升。一旦出现连续漏检情况，这两种滤波将会出现目标失跟。相反地，未知新生模型滤波仅在传感器连续漏检时出现跟踪精度下降，当传感器重新获得量测时，可以重新对目标进行捕捉，其中，快速未知新生强度滤波跟踪精度最高。

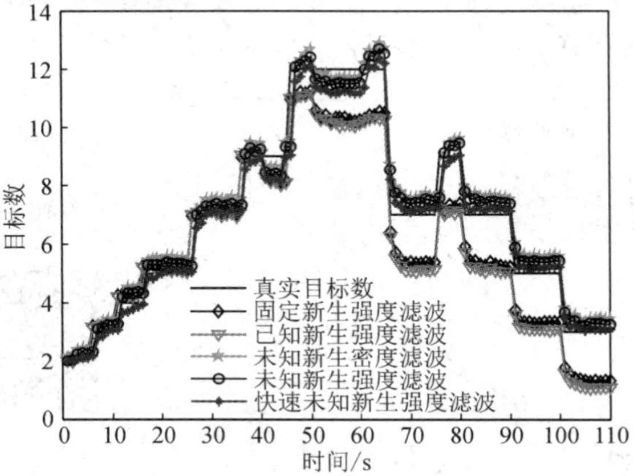

图 4.10 传感器连续漏检情况下的目标数估计结果

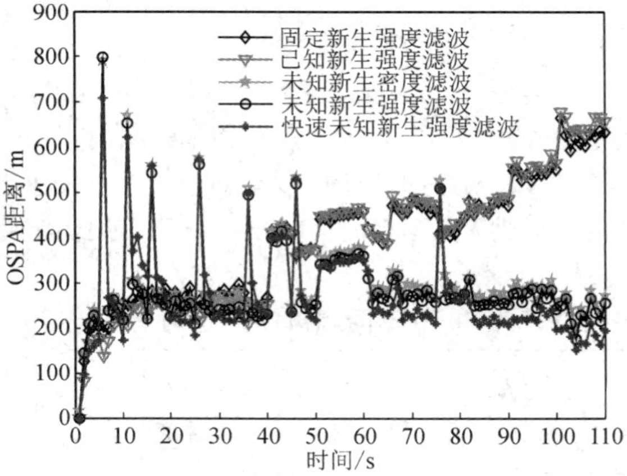

图 4.11 传感器连续漏检情况下的 OSPA 距离

本章小结

本章针对目标新生概率模型不匹配问题，介绍了一种改进的未知新生模型，通过前一时刻量测对目标新生密度建模，通过预处理步骤对目标新生概率建模。该模型可以较好地匹配未知的目标新生位置及时间。在此基础上，将此新生模型引入 CBMeMBer 滤波，得到了跟踪精度更高的未知新生强度 CBMeMBer 滤波。同时，针对未知新生模型滤波实时性较差的问题，基于门限判定方法介绍了改进的量测似然函数，通过削减大量无用似然计算改善了算法实时性。仿真实验表明，改进的快速未知新生强度 CBMeMBer 滤波在保留未知新生强度 CBMeMBer 滤波优点的同时，可有效提升算法的实时性，其运行时间低于标准 CBMeMBer 滤波。

第5章 未知运动模型参数势均衡多伯努利跟踪方法

5.1 引言

在多目标跟踪中，需要对目标的运动方式进行建模，目标的运动模型应该能够正确反映目标的动态特性。大多数基于 RFS 的贝叶斯滤波均假设所有目标的状态从开始到结束始终以同一运动模型实现目标状态转移，如 CV、CA、CT 等。然而，上述理想模型可能无法准确匹配或描述真实的目标运动状况。例如，速度变化较慢的目标可能与 CV 模型匹配良好，而机动性较强的目标则可能与 CA 或 CT 模型较为匹配。在不同的时间段内，同一目标同样有可能改变其运动模式。发生这些情况时，标准 RFS 贝叶斯滤波采用了单一固定的目标运动模型，将会导致跟踪精度下降，甚至对强机动目标失跟。因此，针对目标的机动性，需要在滤波算法中构建更为准确的目标运动模型。

目前，主要的解决方案是将 JMS 方法或与其近似的 IMM 方法引入贝叶斯多目标滤波框架中，通过不同模型间的切换拟合目标的机动。然而，当目标在某一运动模型下发生参数突变时，选定的模型集将难以继续覆盖目标机动。在此情况下，除非事先扩展候选模型集，否则滤波精度将会严重下降。如果目标多次发生参数突变，那么所需考虑的运动模型数会呈指数增加，导致算法计算量剧增，同时由于模型间的相互影响，滤波精度也会下降。

针对上述问题，本章首先介绍一种基于粒子滤波的参数估计方法，即 LW 滤波[197]，并将其推广用于估计突变的参数，得到一种动态参数估计（Dynamic Parameter Estimation，DPE）方法。然后，将此参数估计方法引入 CBMeMBer 滤波框架中，用来实时估计运动模型中的未知参数，以获得更为准确的模型信息，最终替代 IMM 方法，实现对多目标机动的拟合。与 MM-CBMeMBer 滤波相比，基于参数估计的 DPE-CBMeMBer 滤波无需对模型集进行精确选择，可以在运动模型参数未知的情况下实现对多机动目标的跟踪。

5.2 基于势均衡下多伯努利滤波的多机动目标跟踪

本节首先介绍一种典型的无需机动检测的自适应机动目标跟踪方法——IMM-KF 滤波；随后将其多模型思想引入 CBMeMBer 滤波框架中，通过输入和输出的交互，利用多个运动模型实现对多机动目标的实时跟踪。

5.2.1 交互多模型算法

在目标运动模型的选择中，通常包括 CV、CA、CT、Singer 以及当前统计模型等。然而，当目标存在多种机动方式时，单一模型很难对不同阶段的目标运动进行完整描述。IMM 滤波算法从上述运动模型中选择所有可能与目标运动模式相匹配的模型，通过多个模型间的软切换，完成对目标机动变化的拟合。标准卡尔曼 IMM 滤波算法具体实现如下。

目标的状态转移方程和量测方程分别为

$$\boldsymbol{x}_k = \boldsymbol{F}_{\mathrm{E}(k-1),k}\boldsymbol{x}_{k-1} + \boldsymbol{w}_{\mathrm{E}(k-1),k} \tag{5-1}$$

$$\boldsymbol{z}_k = \boldsymbol{H}_{\mathrm{E}(k),k}\boldsymbol{x}_k + \boldsymbol{v}_{\mathrm{E}(k),k} \tag{5-2}$$

其中，$\mathrm{E}(k-1)=\{1, 2, \cdots, o\}$ 为目标 $k-1$ 时刻的运动模型集，$\boldsymbol{F}_{\mathrm{E}(k-1)}$ 和 $\boldsymbol{H}_{\mathrm{E}(k)}$ 分别为目标的状态转移矩阵和量测矩阵，$\boldsymbol{w}_{\mathrm{E}(k-1)}$ 和 $\boldsymbol{v}_{\mathrm{E}(k)}$ 分别为过程噪声和量测噪声。

1. 输入交互

假设 $k-1$ 时刻各个模型更新的状态估计为 $\hat{\boldsymbol{x}}_{i,k-1|k-1}$，协方差矩阵为 $\boldsymbol{P}_{i,k-1|k-1}$，模型概率为 $\mu_{i,k-1}$，则初始状态估计及其协方差矩阵分别表示为

$$\hat{\boldsymbol{x}}_{j0,k-1|k-1} = \sum_{i=1}^{o}\hat{\boldsymbol{x}}_{i,k-1|k-1}\mu_{i|j,k-1}, \ j=1, 2, \cdots, o \tag{5-3}$$

$$\begin{aligned}\boldsymbol{P}_{j0,k-1|k-1} = \sum_{i=1}^{o}\{[\hat{\boldsymbol{x}}_{i,k-1|k-1} - \hat{\boldsymbol{x}}_{j0,k-1|k-1}][\hat{\boldsymbol{x}}_{i,k-1|k-1} - \\ \hat{\boldsymbol{x}}_{j0,k-1|k-1}]^{\mathrm{T}} + \boldsymbol{P}_{i,k-1|k-1}\}\mu_{i|j,k-1}, \ j=1, 2, \cdots, o\end{aligned} \tag{5-4}$$

$$\mu_{i|j,k-1} = \frac{1}{\bar{c}_{j,k-1}}p_{ij}\mu_{i,k-1} \tag{5-5}$$

$$\bar{c}_{j,k-1} = \sum_{i=1}^{o}p_{ij}\mu_{i,k-1} \tag{5-6}$$

其中，$\mu_{i|j,k-1}$ 和 $\bar{c}_{j,k-1}$ 分别为混合概率和归一化因子。

2. 滤波

通过卡尔曼滤波，得到 k 时刻各个模型的状态估计 $\hat{\boldsymbol{x}}_{j,k|k}$ 和协方差矩阵 $\boldsymbol{P}_{j,k|k}$。此处卡尔曼公式推导细节不再赘述。

3. 模型概率计算

k 时刻模型概率可以表示为

$$\mu_{j,k}=\frac{1}{c}A_{j,k}\sum_{i=1}^{o}p_{ij}\mu_{i,k-1}=\frac{A_{j,k}\bar{c}_{j,k-1}}{c} \tag{5-7}$$

$$A_{j,k}=\frac{1}{\sqrt{2\pi\left|\boldsymbol{S}_{j,k}\right|}}\exp\left\{-\frac{1}{2}\boldsymbol{r}_{j,k}^{\mathrm{T}}\boldsymbol{S}_{j,k}^{-1}\boldsymbol{r}_{j,k}\right\} \tag{5-8}$$

$$c=\sum_{j=1}^{o}A_{j,k}\bar{c}_{j,k-1} \tag{5-9}$$

其中，$A_{j,k}$ 和 c 分别为可能性函数和归一化因子。$\boldsymbol{S}_{j,k}$ 和 $\boldsymbol{r}_{j,k}$ 分别为卡尔曼滤波中的残差和新息。

4. 输出

k 时刻目标的状态估计和协方差矩阵分别表示为

$$\hat{\boldsymbol{x}}_{k|k}=\sum_{j=1}^{o}\mu_{j,k}\hat{\boldsymbol{x}}_{j,k|k} \tag{5-10}$$

$$\boldsymbol{P}_{k|k}=\sum_{j=1}^{o}\mu_{j,k}\{\boldsymbol{P}_{j,k|k}+[\hat{\boldsymbol{x}}_{j,k|k}-\hat{\boldsymbol{x}}_{k|k}][\hat{\boldsymbol{x}}_{j,k|k}-\hat{\boldsymbol{x}}_{k|k}]^{\mathrm{T}}\} \tag{5-11}$$

5.2.2 多模型势均衡的多伯努利滤波

将上节所述的IMM思想引入基于RFS的贝叶斯滤波中，可以帮助已有算法实现对多机动目标的实时跟踪。MM-CBMeMBer滤波算法具体实现如下。

1. 模型混合步骤

此步骤不考虑目标的新生、衍生、消失等情况，仅考虑存活目标的模型混合。假设目标的运动模型转移概率为

$$\bar{h}_{\vartheta\eta}=p_{\iota}\{\iota_{k+1}=\eta|\iota_k=\vartheta\} \tag{5-12}$$

其中，ϑ，$\eta\in\mathrm{E}$，$\mathrm{E}=\{1,2,\cdots,M\}$ 表示模型状态空间，M 表示模型数。因此运动模型转移矩阵可以表示为 $\bar{\boldsymbol{H}}=[\bar{h}_{\vartheta\eta}]$，其中，$\sum_{\eta}^{M}\bar{h}_{\vartheta\eta}=1$。

$k-1$ 时刻目标的后验概率密度表示为

$$\pi_{k-1}=\bigcup_{\vartheta=1}^{M}\pi_{k-1}(\iota_{k-1}=\vartheta) \tag{5-13}$$

$$\pi_{k-1}(\iota_{k-1}=\vartheta)=\{(r_{k-1}^{(i,\vartheta)},\ p_{k-1}^{(i,\vartheta)},\ \iota_{k-1}^{(i)}=\vartheta)\}_{i=1}^{M_{k-1}(\vartheta)} \tag{5-14}$$

其中，$M_{k-1}(\vartheta)$表示与存活目标模型 ϑ 相匹配的猜测轨迹数。

由此，可得目标模型混合后的初始密度为

$$\tilde{\pi}_{k|k-1}=\bigcup_{\eta=1}^{M}\tilde{\pi}_{k|k-1}(\iota_k=\eta) \tag{5-15}$$

其中

$$\tilde{\pi}_{k|k-1}(\iota_k=\eta)=\{(\tilde{r}_{k-1}^{(i,\eta)},\ \tilde{p}_{k-1}^{(i,\eta)},\ \iota_k^{(i)}=\eta)\}_{i=1}^{M_{k-1}(\eta)} \tag{5-16}$$

$$\tilde{r}_{k-1}^{(i,\eta)}=\sum_{\vartheta=1}^{M}r_{k-1}^{(i,\vartheta)}\bar{h}_{\vartheta\eta} \tag{5-17}$$

$$\tilde{p}_{k-1}^{(i,\eta)}=\sum_{\vartheta=1}^{M}p_{k-1}^{(i,\vartheta)}\bar{h}_{\vartheta\eta} \tag{5-18}$$

2. 预测步骤

当得到每个运动模型的目标初始密度后，基于运动模型的预测概率密度可以表示为

$$\begin{aligned}\pi_{k|k-1}(\iota_k=\eta)=&\{(r_{P,k|k-1}^{(i,\eta)},\ p_{P,k|k-1}^{(i,\eta)},\ \iota_{P,k}^{(i)}=\eta)\}_{i=1}^{M_{k-1}(\eta)}\cup\\&\{(r_{\Gamma,k}^{(i,\eta)},\ p_{\Gamma,k}^{(i,\eta)},\ \iota_{\Gamma,k}^{(i)}=\eta)\}_{i=1}^{M_{\Gamma,k}(\eta)},\ \eta=1,2,\cdots,M\end{aligned} \tag{5-19}$$

上式的右半部分别由与模型 η 匹配的存活目标和新生目标的伯努利集组成。$M_{\Gamma,k}(\eta)$表示与模型 η 匹配的新生伯努利分量数。此公式中

$$r_{P,k|k-1}^{(i,\eta)}=\tilde{r}_{k-1}^{(i,\eta)}\langle\tilde{p}_{k-1}^{(i,\eta)},\ p_{S,k}\rangle \tag{5-20}$$

$$p_{P,k|k-1}^{(i,\eta)}=\frac{\langle f_{k|k-1}(\boldsymbol{x}\mid\cdot),\ \tilde{p}_{k-1}^{(i,\eta)}p_{S,k}\rangle}{\langle\tilde{p}_{k-1}^{(i,\eta)},\ p_{S,k}\rangle} \tag{5-21}$$

3. 更新步骤

将 k 时刻每一个运动模型的预测概率密度表示为如下多伯努利形式

$$\pi_{k|k-1}(\iota_k=\eta)=\{(r_{k|k-1}^{(i,\eta)},\ p_{k|k-1}^{(i,\eta)},\ \iota_k^{(i)}=\eta)\}_{i=1}^{M_{k|k-1}(\eta)},\ \eta=1,2,\cdots,M \tag{5-22}$$

其中，$M_{k|k-1}(\eta)=M_{k-1}(\eta)+M_{\Gamma,k}(\eta)$，表示与模型 η 匹配的总预测伯努利分量数。通过 k 时刻的传感器量测 $\boldsymbol{Z}_k$，基于运动模型的目标后验概率密度可以表示为

$$\pi_k(\iota_k=\eta)\approx\{(r_{L,k}^{(i,\eta)},\ p_{L,k}^{(i,\eta)},\ \iota_{L,k}^{(i)}=\eta)\}_{i=1}^{M_{k|k-1}(\eta)}\cup \{(r_{U,k}^{(\eta)}(\boldsymbol{z}),\ p_{U,k}^{(\eta)}(\boldsymbol{x};\boldsymbol{z}),\ \iota_{U,k}=\eta)\}_{\boldsymbol{z}\in Z_k} \tag{5-23}$$

其中

$$r_{L,k}^{(i,\eta)}=r_{k|k-1}^{(i,\eta)}\frac{1-\langle p_{k|k-1}^{(i,\eta)},\ p_{D,k}\rangle}{\sum_{\eta=1}^{M}(1-r_{k|k-1}^{(i,\eta)}\langle p_{k|k-1}^{(i,\eta)},\ p_{D,k}\rangle)} \tag{5-24}$$

$$p_{L,k}^{(i,\eta)}=p_{k|k-1}^{(i,\eta)}\frac{1-p_{D,k}(\boldsymbol{x})}{\sum_{\eta=1}^{M}(1-\langle p_{k|k-1}^{(i,\eta)},\ p_{D,k}\rangle)} \tag{5-25}$$

$$r_{U,k}^{(\eta)}(\boldsymbol{z})=\frac{\sum_{i=1}^{M_{k|k-1}(\eta)}\frac{r_{k|k-1}^{(i,\eta)}(1-r_{k|k-1}^{(i,\eta)})\langle p_{k|k-1}^{(i,\eta)},\ \psi_{k,z}\rangle}{(1-r_{k|k-1}^{(i,\eta)}\langle p_{k|k-1}^{(i,\eta)},\ p_{D,k}\rangle)^2}}{\kappa_k(\boldsymbol{z})+\sum_{\eta=1}^{M}\sum_{i=1}^{M_{k|k-1}(\eta)}\frac{r_{k|k-1}^{(i,\eta)}\langle p_{k|k-1}^{(i,\eta)},\ \psi_{k,z}\rangle}{1-r_{k|k-1}^{(i,\eta)}\langle p_{k|k-1}^{(i,\eta)},\ p_{D,k}\rangle}} \tag{5-26}$$

$$p_{U,k}^{(\eta)}(\boldsymbol{x};\boldsymbol{z})=\frac{\sum_{i=1}^{M_{k|k-1}(\eta)}\frac{r_{k|k-1}^{(i,\eta)}}{1-r_{k|k-1}^{(i,\eta)}}p_{k|k-1}^{(i,\eta)}(\boldsymbol{x})\psi_{k,z}(\boldsymbol{x},\ \eta)}{\sum_{\eta=1}^{M}\sum_{i=1}^{M_{k|k-1}(\eta)}\frac{r_{k|k-1}^{(i,\eta)}}{1-r_{k|k-1}^{(i,\eta)}}\langle p_{k|k-1}^{(i,\eta)},\ \psi_{k,z}\rangle} \tag{5-27}$$

$$\psi_{k,z}(\boldsymbol{x},\ \eta)=g_k(\boldsymbol{z}|\boldsymbol{x},\ \eta)p_{D,k}(\boldsymbol{x})=g_k(\boldsymbol{z}|\boldsymbol{x})p_{D,k}(\boldsymbol{x}) \tag{5-28}$$

5.3 未知运动模型参数下的势均衡多伯努利滤波

当目标频繁发生状态突变时，上节所述方法的运动模型往往难以有效覆盖新的目标运动模式。本节介绍了一种基于 LW 滤波的 DPE 方法，当与目标状态相关的参数发生剧烈变化时，能够对其快速拟合。将该参数估计方法用于 CBMeMBer 滤波中，能够有效解决目标强机动带来的模型集匮乏问题。

5.3.1 未知参数的估计方法

假设在贝叶斯滤波中，不仅包含需要估计的状态和已知的量测，还包含与状态转移相关的参数∂。因此，要对 k 时刻隐藏的状态进行估计，就需要估计联合后验概率密度函数 $p(\boldsymbol{x}_k,\ \partial|\boldsymbol{z}_{1:k})$，而对于该函数的估计可以通过预测和更新完成。其过程表示如下。

预测：

$$p(\boldsymbol{x}_k, \partial \mid \boldsymbol{z}_{1:k-1}) = \int p(\boldsymbol{x}_k \mid \boldsymbol{x}_{k-1}, \partial) p(\boldsymbol{x}_{k-1}, \partial \mid \boldsymbol{z}_{1:k-1}) \mathrm{d}\boldsymbol{x}_{k-1} \tag{5-29}$$

更新：

$$p(\boldsymbol{x}_k, \partial | \boldsymbol{z}_{1:k}) = \frac{p(\boldsymbol{z}_k | \boldsymbol{x}_k, \partial) p(\boldsymbol{x}_k, \partial | \boldsymbol{z}_{1:k-1})}{p(\boldsymbol{z}_k | \boldsymbol{z}_{1:k-1}, \partial)} \tag{5-30}$$

其中，$p(\boldsymbol{z}_k|\boldsymbol{z}_{1:k-1}, \partial)$为标准化因子，可以表示为

$$p(\boldsymbol{z}_k \mid \boldsymbol{z}_{1:k-1}, \partial) = \int p(\boldsymbol{z}_k \mid \boldsymbol{x}_k, \partial) p(\boldsymbol{x}_k, \partial \mid \boldsymbol{z}_{1:k-1}) \mathrm{d}\boldsymbol{x}_k \tag{5-31}$$

对于式(5-30)，可以通过 SMC 方法有效近似，表示为

$$p(\boldsymbol{x}_k, \partial \mid \boldsymbol{z}_{1:k}) \approx \sum_{i=1}^{N} w_k^{(i)} \delta_{\boldsymbol{x}_k^{(i)}, \partial^{(i)}}(\boldsymbol{x}_k, \partial) \tag{5-32}$$

其中，$\boldsymbol{x}_k^{(i)}$ 和$\partial^{(i)}$为粒子，$w_k^{(i)}$ 为粒子权重。

1. LW 滤波

LW 滤波在辅助粒子滤波[198](Auxiliary Particle Filter，APF)的基础上通过多元高斯混合分布来近似参数的边缘后验分布，其后验概率密度函数$p(\boldsymbol{x}_k, \partial|\boldsymbol{z}_{1:k})$可以表示为

$$\begin{aligned} p(\boldsymbol{x}_k, \partial|\boldsymbol{z}_{1:k}) &\propto p(\boldsymbol{z}_k|\boldsymbol{x}_k, \partial) p(\boldsymbol{x}_k, \partial|\boldsymbol{z}_{1:k-1}) \\ &\propto p(\boldsymbol{z}_k|\boldsymbol{x}_k, \partial) p(\boldsymbol{x}_k|\boldsymbol{z}_{1:k-1}, \partial) p(\partial|\boldsymbol{z}_{1:k-1}) \end{aligned} \tag{5-33}$$

可以看出，参数分量与量测集相关，其分布函数 $p(\partial|\boldsymbol{z}_{1:k-1})$可以用混合形式表示为

$$p(\partial \mid \boldsymbol{z}_{1:k-1}) \approx \sum_{i=1}^{N} w_{k-1}^{(i)} N(\partial \mid m_{k-1}^{(i)}, \bar{\Delta}^2 \bar{Q}_{k-1}) \tag{5-34}$$

其中，高斯分布函数 $N(\partial|m_{k-1}^{(i)}, \bar{\Delta}^2\bar{Q}_{k-1})$的均值和方差分别为

$$m_{k-1}^{(i)} = \tau\partial^{(i)} + (1-\tau)\bar{\partial} \tag{5-35}$$

$$\bar{Q}_{k-1} = \sum_{i=1}^{N} w_{k-1}^{(i)} (\partial^{(i)} - \bar{\partial})^2 \tag{5-36}$$

$$\bar{\partial} = \sum_{i=1}^{N} w_{k-1}^{(i)} \partial^{(i)} \tag{5-37}$$

其中，$\bar{\Delta}^2$ 表示平滑系数，$\tau=\sqrt{1-\bar{\Delta}^2}$ 表示收缩系数。

其算法流程如下：

$k-1$ 时刻样本粒子集$\{\boldsymbol{x}_{k-1}^{(i)}, \partial^{(i)}\}_{i=1}^{N}$，权重 $w_k \propto w_{k-1}^{(i)} p(\boldsymbol{z}_k | \bar{\boldsymbol{y}}_k^{(i)}, m_{k-1}^{(i)})$，其中 $\bar{y}_k = \mathbb{E}[\boldsymbol{x}_k | \boldsymbol{x}_{k-1}^{(i)}, \partial^{(i)}]$，$m_{k-1}^{(i)}$ 通过式(5-35)计算。

开始循环，$i=1, \cdots, N$

参数∂通过高斯密度采样，即

$$\partial^{(i)} \sim N(\partial | m_{k-1}^{(i)}, \bar{\Delta}^2 \bar{Q}_{k-1})$$

其中，$m_{k-1}^{(i)}$ 和式 $\bar{Q}_{k-1}$ 通过式(5-35)和式(5-36)计算。

状态粒子集采样，即

$$\boldsymbol{x}_k^{(i)} \sim p(\boldsymbol{x}_k | \boldsymbol{x}_{k-1}^{(i)}, \partial^{(i)})$$

权值分配：

$$w_k^{(i)} \propto \frac{p(\boldsymbol{z}_k | \boldsymbol{x}_k^{(i)}, \partial^{(i)})}{p(\boldsymbol{z}_k | \bar{\boldsymbol{y}}_k^{(i)}, m_{k-1}^{(i)})}$$

结束，并开始下一时刻循环。

2. 参数突变

在参数存在突变的情况下，对 LW 滤波进行扩展可以得到新的参数估计函数，表示为

$$p(\partial_k \mid \boldsymbol{z}_{1:k-1}) \approx \begin{cases} \sum_{i=1}^{N} w_{k-1}^{(i)} N(\partial_k \mid m_{k-1}^{(i)}, \bar{\Delta}^2 \bar{Q}_{k-1}), & \text{概率为 } 1-\bar{\beta} \\ p_{\partial}(\partial_0), & \text{概率为 } \bar{\beta} \end{cases} \tag{5-38}$$

其中

$$m_{k-1}^{(i)} = \tau \partial_{k-1}^{(i)} + (1-\tau) \bar{\partial}_{k-1} \tag{5-39}$$

$$\bar{Q}_{k-1} = \sum_{i=1}^{N} w_{k-1}^{(i)} (\partial_{k-1}^{(i)} - \bar{\partial}_{k-1})^2 \tag{5-40}$$

$$\bar{\partial}_{k-1} = \sum_{i=1}^{N} w_{k-1}^{(i)} \partial_{k-1}^{(i)} \tag{5-41}$$

其中，$w_{k-1}^{(i)}$ 为相关的粒子权重。$\bar{\beta}$ 用来衡量参数的稳定程度，其意义为参数∂在 k 时刻发生突然变化的可能性，即 k 时刻为参数∂的突变点的概率。在相邻的突变点间，参数∂是分段稳定的。如式(5-38)所示，如果在估计中参数∂_k 没有突然变化，则其概率密度依然采用多元高斯分量近似；如果 k 时刻为突变点，则参数∂_k 的概率密度需要按照先验分布 $p_{\partial}(\partial_0)$进行重新设定。

在概率密度估计函数(式(5-38))下，需重新对后验概率密度 $p(\boldsymbol{x}_k, \partial_k | \boldsymbol{z}_{1:k})$

进行采样近似。假设 $k-1$ 时刻近似后验概率密度以 N 个粒子近似表示为 $\{\boldsymbol{x}_{k-1}^{(i)}, \partial_{k-1}^{(i)}\}_{i=1}^{N}$，粒子权值为 $w_{k-1}^{(i)}$。那么在 k 时刻，每一个状态更新后的粒子可分为两个部分，分别具有不同的参数采样方式和粒子权重，具体表示为

$$\partial_{k}^{(i)} \sim N(\partial_{k} \mid m_{k-1}^{(i)}, \bar{\Delta}^{2}\bar{Q}_{k-1}) \tag{5-42}$$

$$w_{k,1}^{(i)} \propto \frac{p(\boldsymbol{z}_{k} \mid \boldsymbol{x}_{k}^{(i)}, \partial_{k}^{(i)})}{p(\boldsymbol{z}_{k} \mid \bar{\boldsymbol{y}}_{k}^{(i)}, m_{k-1}^{(i)})} \tag{5-43}$$

$$\tilde{\partial}_{k}^{(i)} \sim p_{\partial}(\partial_{0}) \tag{5-44}$$

$$w_{k,2}^{(i)} \propto \frac{p(\boldsymbol{z}_{k} \mid \boldsymbol{x}_{k}^{(i)}, \tilde{\partial}_{k}^{(i)})}{p(\boldsymbol{z}_{k} \mid \tilde{\boldsymbol{y}}_{k}^{(i)}, \tilde{\partial}_{k-1}^{(i)})} \tag{5-45}$$

其中

$$\bar{\boldsymbol{y}}_{k}^{(i)} = \mathbb{E}[\boldsymbol{x}_{k}^{(i)} \mid \boldsymbol{x}_{k-1}^{(i)}, \partial_{k-1}^{(i)}] \tag{5-46}$$

$$\tilde{\boldsymbol{y}}_{k}^{(i)} = \mathbb{E}[\boldsymbol{x}_{k}^{(i)} \mid \boldsymbol{x}_{k-1}^{(i)}, \tilde{\partial}_{k-1}^{(i)}] \tag{5-47}$$

从 $k-1$ 时刻到 k 时刻，粒子数从 N 变为 $2N$。$w_{k,1}^{(i)}$ 和 $w_{k,2}^{(i)}$ 分别衡量当前时刻量测 $\boldsymbol{z}_k$ 对应于平稳参数或突变参数的可能性。在这 $2N$ 个粒子中，分别将权值表示为$(1-\bar{\beta})w_{k,1}^{(i)}$ 和 $\bar{\beta}w_{k,2}^{(i)}$ 的形式，并对其进行重采样，最终得到可用于近似后验概率密度 $p(\boldsymbol{x}_k, \partial_k \mid \boldsymbol{z}_{1:k})$的 N 个粒子。

5.3.2　改进的势均衡多伯努利滤波

将基于 LW 滤波的 DPE 方法引入 CBMeMBer 滤波框架中，得到一种不同于 MM-CBMeMBer 滤波的运动模型参数未知的多机动目标跟踪算法，即 DPE-SMC-CBMeMBer 滤波。具体实现如下。

1. 预测步骤

假设 $k-1$ 时刻，目标的后验概率密度表示为

$$\pi_{k-1} = \{(r_{k-1}^{(i)}, p_{k-1}^{(i)}(\boldsymbol{x}, \partial))\}_{i=1}^{M_{k-1}} \tag{5-48}$$

其中，∂表示目标运动模型的未知机动参数。$p_{k-1}^{(i)}(\boldsymbol{x}, \partial)$由加权的粒子集 $\{w_{k-1}^{(i,j)}, \boldsymbol{x}_{k-1}^{(i,j)}, \partial_{k-1}^{(i,j)}\}_{j=1}^{L_{k-1}^{(i)}}$ 表示，即

$$p_{k-1}^{(i)}(\boldsymbol{x}, \partial) = \sum_{j=1}^{L_{k-1}^{(i)}} w_{k-1}^{(i,j)} \delta_{\boldsymbol{x}_{k-1}^{(i,j)}, \partial_{k-1}^{(i,j)}}(\boldsymbol{x}, \partial) \tag{5-49}$$

其中，$L_{k-1}^{(i)}$ 表示第 i 个伯努利分量的粒子数。由此，目标的预测概率密度可以表示为

$$\pi_{k|k-1}=\{(r_{P,k|k-1}^{(i)},\ p_{P,k|k-1}^{(i)}(\boldsymbol{x},\partial))\}_{i=1}^{M_{k-1}}\cup\{(r_{\Gamma,k}^{(i)},\ p_{\Gamma,k}^{(i)}(\boldsymbol{x},\partial))\}_{i=1}^{M_{\Gamma,k}} \tag{5-50}$$

2. 参数粒子选择

在粒子集$\{w_{k-1}^{(i,j)},\boldsymbol{x}_{k-1}^{(i,j)},\partial_{k-1}^{(i,j)}\}_{j=1}^{L_{k-1}^{(i)}}$中，$\partial_{k-1}^{(i,j)}\sim N(\cdot\mid\bar{\partial}_{k-1}^{(i)},\bar{\Delta}^2\bar{\boldsymbol{Q}}_{k-1}^{(i)})$，$\bar{\partial}_{k-1}^{(i)}$和$\bar{Q}_{k-1}^{(i)}$分别表示$k-1$时刻第$i$个伯努利分量的机动参数的均值和协方差，其表达形式可参考后文中的参数更新步骤(式(5-76)～式(5-78))。给定重要性密度函数$q_k(\cdot\mid\boldsymbol{x}_{k-1}^{(i,j)},\partial_{k-1}^{(i,j)},\boldsymbol{Z}_k)$，参数粒子预测可以表示为

$$\boldsymbol{x}_{P,k|k-1}^{(i,j)}\sim q_k(\cdot\mid\boldsymbol{x}_{k-1}^{(i,j)},\partial_{k-1}^{(i,j)},\boldsymbol{Z}_k),\ i=1,\cdots,M_{k-1},\ j=1,\cdots,L_{k-1}^{(i)} \tag{5-51}$$

$$\partial_{P,k|k-1}^{(i,j)}=\partial_{k-1}^{(i,j)} \tag{5-52}$$

$$w_{P,k|k-1}^{(i,j)}\propto\frac{f_{k|k-1}(\boldsymbol{x}_{P,k|k-1}^{(i,j)}\mid\boldsymbol{x}_{P,k-1}^{(i,j)},\partial_{k-1}^{(i,j)})p_{S,k}(\boldsymbol{x}_{k-1}^{(i,j)},\partial_{k-1}^{(i,j)})}{q_k(\boldsymbol{x}_{P,k|k-1}^{(i,j)}\mid\boldsymbol{x}_{k-1}^{(i,j)},\partial_{k-1}^{(i,j)},\boldsymbol{Z}_k)}w_{k-1}^{(i,j)} \tag{5-53}$$

在k时刻，对应于参数稳定的情况，对每一个粒子赋予另一个权重，即

$$w_1^{(i,j)}\propto p(\boldsymbol{Z}_k\mid\boldsymbol{x}_{P,k|k-1}^{(i,j)},\partial_{k-1}^{(i,j)}) \tag{5-54}$$

根据先验分布$p_\partial(\partial_0)$，重新选择相同数目的参数粒子，即$\{w_{k-1}^{(i,j)},\boldsymbol{x}_{k-1}^{(i,j)},\tilde{\partial}_k^{(i,j)}\}_{j=L_{k-1}^{(i)}+1}^{2L_{k-1}^{(i)}}$，其中$\tilde{\partial}_k^{(i,j)}\sim p_\partial(\cdot)$。

新的参数粒子预测可以表示为

$$\boldsymbol{x}_{P,k|k-1}^{(i,j)}\sim q_k(\cdot\mid\boldsymbol{x}_{k-1}^{(i,j)},\tilde{\partial}_k^{(i,j)},\boldsymbol{Z}_k),\ i=1,\cdots,M_{k-1},\ j=L_{k-1}^{(i)}+1,\cdots,2L_{k-1}^{(i)} \tag{5-55}$$

$$w_{P,k|k-1}^{(i,j)}\propto\frac{f_{k|k-1}(\boldsymbol{x}_{P,k|k-1}^{(i,j)}\mid\boldsymbol{x}_{P,k-1}^{(i,j)},\tilde{\partial}_k^{(i,j)})p_{S,k}(\boldsymbol{x}_{k-1}^{(i,j)},\tilde{\partial}_k^{(i,j)})}{q_k(\boldsymbol{x}_{P,k|k-1}^{(i,j)}\mid\boldsymbol{x}_{k-1}^{(i,j)},\tilde{\partial}_k^{(i,j)},\boldsymbol{Z}_k)}w_{k-1}^{(i,j)} \tag{5-56}$$

在k时刻，对应于参数突然变化的情况，依然对每一个粒子赋予另一个权重，即

$$w_2^{(i,j)}\propto p(\boldsymbol{Z}_k\mid\boldsymbol{x}_{P,k|k-1}^{(i,j)},\tilde{\partial}_k^{(i,j)}) \tag{5-57}$$

然后从这$2L_{k-1}^{(i)}$个粒子中选出$L_{k-1}^{(i)}$个粒子，并将其索引表示为$l^j\in\{1,\cdots,2L_{k-1}^{(i)}\}$，其中$j=1,\cdots,L_{k-1}^{(i)}$。具体选择过程如下：

对于$j=1,\cdots,L_{k-1}^{(i)}$，在第$[1,\cdots,L_{k-1}^{(i)}]$个粒子中按照概率$(1-\bar{\beta})w_1^{(i,j)}$对粒子进行选择，在第$[L_{k-1}^{(i)}+1,\cdots,2L_{k-1}^{(i)}]$个粒子中按照概率$\bar{\beta}w_2^{(i,j)}$对粒子进行选择，其中，$\bar{\beta}$表示参数突然发生变化的概率，假设其为先验已知。

若 $l^j \in \{1, \cdots, L_{k-1}^{(i)}\}$，用$\partial_{P,k|k-1}^{(i,j)} = \partial_{P,k|k-1}^{(i,l^j)}$ 对参数粒子进行更新；若 $l^j \in \{L_{k-1}^{(i)}+1, \cdots, 2L_{k-1}^{(i)}\}$，用$\partial_{P,k|k-1}^{(i,j)} = \widetilde{\partial}_{k}^{(i,l^j)}$ 对参数粒子进行更新。

将选定的粒子重新按照索引 $j=1, \cdots, L_{k-1}^{(i)}$ 标号，即 $\boldsymbol{x}_{P,k|k-1}^{(i,j)} = \boldsymbol{x}_{P,k|k-1}^{(i,l^j)}$，$w_{P,k|k-1}^{(i,j)} = w_{P,k|k-1}^{(i,l^j)}$。

再根据建议分布 $b_k(\cdot \mid \widetilde{\partial}_{\Gamma,k}^{(i,j)}, \boldsymbol{Z}_k)$采样 $L_{\Gamma,k}^{(i)}$ 个新生粒子，其表示如下：

$$\widetilde{\partial}_{\Gamma,k}^{(i,j)} \sim p_{\partial}(\cdot), \ i=1, \cdots, M_{\Gamma,k}, \ j=1, \cdots, L_{\Gamma,k}^{(i)} \tag{5-58}$$

$$\boldsymbol{x}_{\Gamma,k}^{(i,j)} \sim b_k(\cdot \mid \widetilde{\partial}_{\Gamma,k}^{(i,j)}, \boldsymbol{Z}_k) \tag{5-59}$$

$$w_{\Gamma,k}^{(i,j)} \propto \frac{p_{\Gamma,k}(\boldsymbol{x}_{\Gamma,k}^{(i,j)})}{b_k(\boldsymbol{x}_{\Gamma,k}^{(i,j)}, \widetilde{\partial}_{\Gamma,k}^{(i,j)}, \boldsymbol{Z}_k)} \tag{5-60}$$

3. 更新步骤

假设 k 时刻预测概率密度可以表示为

$$\pi_{k|k-1} = \{(r_{k|k-1}^{(i)}, p_{k|k-1}^{(i)}(\boldsymbol{x}, \partial))\}_{i=1}^{M_{k|k-1}} \tag{5-61}$$

其中 $M_{k|k-1} = M_{k-1} + M_{\Gamma,k}$。每一个 $p_{k|k-1}^{(i)}(\boldsymbol{x}, \partial)$由加权的粒子集合 $\{w_{k|k-1}^{(i,j)}, \boldsymbol{x}_{k|k-1}^{(i,j)}, \partial_{k|k-1}^{(i,j)}\}_{j=1}^{L_{k|k-1}^{(i)}}$ 组成，即

$$p_{k|k-1}^{(i)}(\boldsymbol{x}, \partial) = \sum_{j=1}^{L_{k|k-1}^{(i)}} w_{k|k-1}^{(i,j)} \delta_{\boldsymbol{x}_{k|k-1}^{(i,j)}, \partial_{k|k-1}^{(i,j)}}(\boldsymbol{x}, \partial) \tag{5-62}$$

则更新的后验概率密度可以表示为

$$\pi_k = \{(r_{L,k}^{(i)}, p_{L,k}^{(i)}(\boldsymbol{x}, \partial))\}_{i=1}^{M_{k|k-1}} \cup \{(r_{U,k}(\boldsymbol{z}), p_{U,k}(\boldsymbol{x}, \partial; \boldsymbol{z}))\}_{\boldsymbol{z} \in \boldsymbol{Z}_k} \tag{5-63}$$

其中

$$r_{L,k}^{(i)} = r_{k|k-1}^{(i)} \frac{1-\rho_{L,k}^{(i)}(\boldsymbol{x}, \partial)}{1-r_{k|k-1}^{(i)}\rho_{L,k}^{(i)}(\boldsymbol{x}, \partial)} \tag{5-64}$$

$$p_{L,k}^{(i)}(\boldsymbol{x}, \partial) = \sum_{j=1}^{L_{k|k-1}^{(i)}} \widetilde{w}_{L,k}^{(i,j)} \delta_{\boldsymbol{x}_{k|k-1}^{(i,j)}, \partial_{k|k-1}^{(i,j)}}(\boldsymbol{x}, \partial) \tag{5-65}$$

$$r_{U,k}(\boldsymbol{z}) = \frac{\displaystyle\sum_{i=1}^{M_{k|k-1}} \frac{r_{k|k-1}^{(i)}(1-r_{k|k-1}^{(i)})\rho_{U,k}^{(i)}(\boldsymbol{z})}{(1-r_{k|k-1}^{(i)}\rho_{L,k}^{(i)}(\boldsymbol{x}, \partial))^2}}{\kappa_k(\boldsymbol{z}) + \displaystyle\sum_{i=1}^{M_{k|k-1}} \frac{r_{k|k-1}^{(i)}\rho_{U,k}^{(i)}(\boldsymbol{z})}{1-r_{k|k-1}^{(i)}\rho_{L,k}^{(i)}(\boldsymbol{x}, \partial)}} \tag{5-66}$$

$$p_{U,k}(\boldsymbol{x}, \partial; \boldsymbol{z}) = \sum_{i=1}^{M_{k|k-1}} \sum_{j=1}^{L_{k|k-1}^{(i)}} \widetilde{w}_{U,k}^{(i,j)}(\boldsymbol{z}) \delta_{\boldsymbol{x}_{k|k-1}^{(i,j)}, \partial_{k|k-1}^{(i,j)}}(\boldsymbol{x}, \partial) \tag{5-67}$$

并且

$$\rho_{L,k}^{(i)}(\boldsymbol{x},\partial)=\sum_{j=1}^{L_{k|k-1}^{(i)}}w_{k|k-1}^{(i,j)}p_{D,k}(\boldsymbol{x}_{k|k-1}^{(i,j)},\partial_{k|k-1}^{(i,j)}) \tag{5-68}$$

$$\tilde{w}_{L,k}^{(i,j)}=\frac{w_{L,k}^{(i,j)}}{\sum_{j=1}^{L_{k|k-1}^{(i)}}w_{L,k}^{(i,j)}} \tag{5-69}$$

$$w_{L,k}^{(i,j)}=w_{k|k-1}^{(i,j)}(1-p_{D,k}(\boldsymbol{x}_{k|k-1}^{(i,j)},\partial_{k|k-1}^{(i,j)})) \tag{5-70}$$

$$\rho_{U,k}^{(i)}(\boldsymbol{z})=\sum_{j=1}^{L_{k|k-1}^{(i)}}w_{k|k-1}^{(i,j)}\psi_{k,z}(\boldsymbol{x}_{k|k-1}^{(i,j)},\partial_{k|k-1}^{(i,j)}) \tag{5-71}$$

$$\tilde{w}_{U,k}^{(i,j)}(\boldsymbol{z})=\frac{w_{U,k}^{(i,j)}(\boldsymbol{z})}{\sum_{i=1}^{M_{k|k-1}}\sum_{j=1}^{L_{k|k-1}^{(i)}}w_{U,k}^{(i,j)}(\boldsymbol{z})} \tag{5-72}$$

$$w_{U,k}^{(i,j)}(\boldsymbol{z})=w_{k|k-1}^{(i,j)}\frac{r_{k|k-1}^{(i)}}{1-r_{k|k-1}^{(i)}}\psi_{k,z}(\boldsymbol{x}_{k|k-1}^{(i,j)},\partial_{k|k-1}^{(i,j)}) \tag{5-73}$$

$$\psi_{k,z}(\boldsymbol{x}_{k|k-1}^{(i,j)},\partial_{k|k-1}^{(i,j)})=g_k(\boldsymbol{z}|\boldsymbol{x}_{k|k-1}^{(i,j)},\partial_{k|k-1}^{(i,j)})p_{D,k}(\boldsymbol{x}_{k|k-1}^{(i,j)},\partial_{k|k-1}^{(i,j)}) \tag{5-74}$$

4. 重采样步骤

为了弱化粒子退化的影响，需要对更新后得到的粒子集$\{\tilde{w}_k^{(i,j)},\boldsymbol{x}_k^{(i,j)},\partial_k^{(i,j)}\}_{j=1}^{L_{k|k-1}^{(i)}}$进行重采样，以获得新的粒子集合$\{w_k^{(i,j)},\boldsymbol{x}_k^{(i,j)},\partial_k^{(i,j)}\}_{j=1}^{L_k^{(i)}}$，重采样的具体步骤与标准 CBMeMBer 滤波相似。此外，为了减少运算中的粒子数目，需对存在概率过低的伯努利项进行修剪。修剪后的每一个伯努利项的后验密度均可表示为

$$p_k^{(i)}(\boldsymbol{x},\partial)=\sum_{j=1}^{L_k^{(i)}}w_k^{(i,j)}\delta_{\boldsymbol{x}_k^{(i,j)},\partial_k^{(i,j)}}(\boldsymbol{x},\partial) \tag{5-75}$$

5. 参数更新步骤

每一个运动模型参数分量的均值和协方差均可表示为

$$\bar{\partial}_k^{(i)}=\sum_{j=1}^{L_k^{(i)}}w_k^{(i,j)}\partial_k^{(i,j)} \tag{5-76}$$

$$\bar{Q}_k^{(i)}=\sum_{j=1}^{L_k^{(i)}}w_k^{(i,j)}(\partial_k^{(i,j)}-\bar{\partial}_k^{(i)})^2 \tag{5-77}$$

每一个运动模型的参数粒子均可更新为

$$\partial_k^{(i,j)}=\tau\partial_k^{(i,j)}+(1-\tau)\bar{\partial}_k^{(i)} \tag{5-78}$$

其中，τ 用来对高斯混合项的超扩散进行收缩修正。

6. 状态估计

目标的数目估计通过下式计算：

$$\hat{N}_k = \sum_{i=1}^{M_{k|k-1}} r_{L,k}^{(i)} + \sum_{z \in \mathbf{Z}_k} r_{U,k}(\mathbf{z}) \tag{5-79}$$

单个目标的状态估计通过计算存在概率较大的伯努利项的后验密度均值得到。

5.4 实验与分析

观测 [0, 10 000] m × [0, 10 000] m 的矩形区域。共有 6 个目标先后出现于观测场景中，均为点目标，即仅考虑目标的运动特性而不考虑其形状信息。其中，目标 1 和目标 3 于第 41 时刻出现并于第 80 时刻消失，目标 2 和目标 4 于第 21 时刻出现并分别于第 80 和第 100 时刻消失，目标 5 从初始时刻存活至第 80 时刻，目标 6 始终出现于观测区域。目标的真实轨迹如图 5.1 所示。

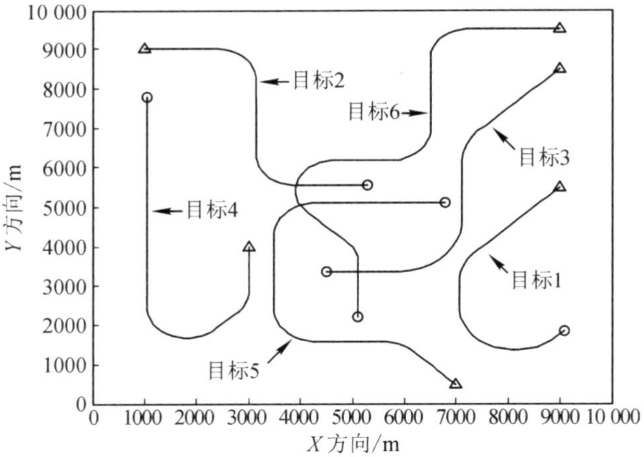

（△表示目标起始位置，○表示目标消失位置）

图 5.1　笛卡尔坐标系下目标的真实运动轨迹

6 个目标均包含了匀速运动和转弯运动，转弯运动的转弯速率为 $\omega = \pm 9 \times (\pi/180)$ rad/s。目标 1 分别于第 55 和第 64 时刻出现 2 次转弯运动，目标 2 分别于第 33 和第 59 时刻出现 2 次转弯运动，目标 3 分别于第 52 和第 64 时刻出现 2 次转弯运动，目标 4 分别于第 31 和第 41 时刻出现 2 次转弯运动，目标 5

分别于第 11、第 26 和第 51 时刻出现 3 次转弯运动，目标 6 分别于第 16、第 41、第 60 和第 84 时刻出现 4 次转弯运动。目标的真实运动状态如图 5.2 所示。

目标的匀速运动和转弯运动状态转移方程分别在 3.4.1 小节和 3.4.2 小节中列出，其过程噪声均为零均值的高斯噪声，标准差分别为 $\sigma_w = 30\ \mathrm{m/s^2}$ 和 $\sigma_\varepsilon = \pi/180\ \mathrm{rad/s}$。传感器采样间隔 $T = 1\ \mathrm{s}$。量测转移方程在 3.4.2 小节中列出，量测包含径向距离和方位角，其噪声均为零均值的高斯噪声，标准差分别为 $\sigma_r = 30\mathrm{m}$ 和 $\sigma_\theta = \pi/180\ \mathrm{rad}$。

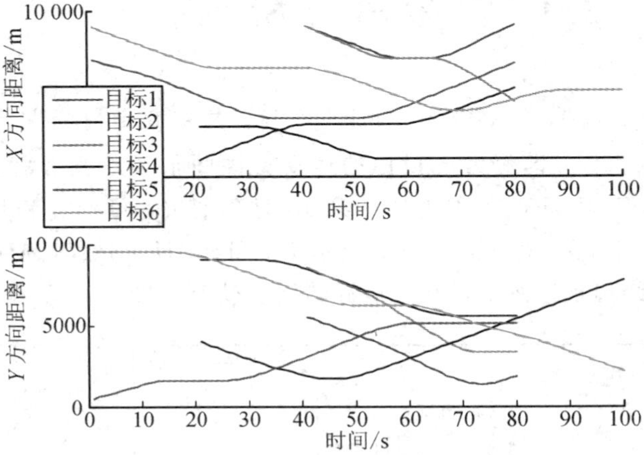

(a) 目标在X方向和Y方向位置

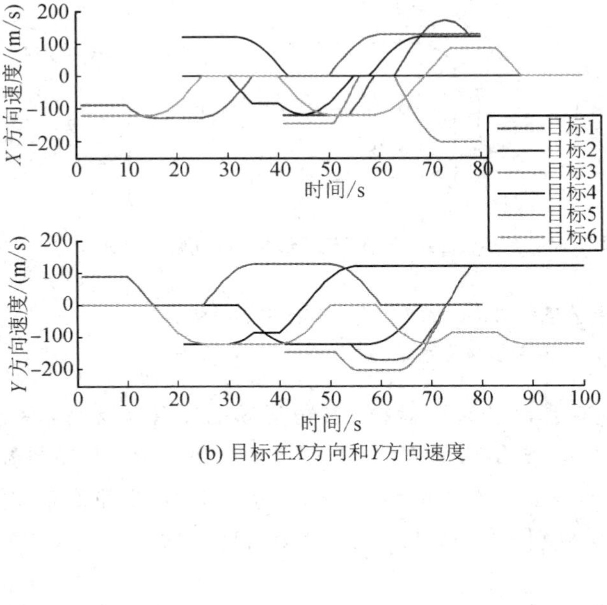

(b) 目标在X方向和Y方向速度

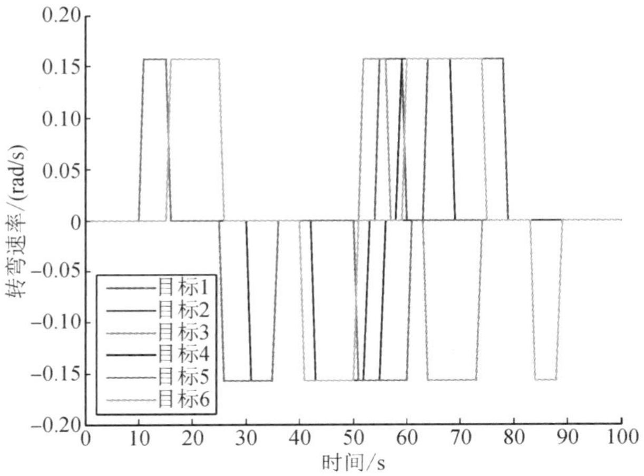

(c) 目标的转弯速率

图 5.2　目标的真实运动状态

存在概率和检测概率分别设为 $p_{S,k}=0.98$ 和 $p_{D,k}=0.98$。杂波率服从泊松分布，其均值 $\lambda_c=10$，杂波密度 $\kappa_k(\boldsymbol{z})=\lambda_c u(\boldsymbol{z})$，其中，$u(\boldsymbol{z})$为覆盖整个观测区域的均匀密度。每个目标的采样粒子数为 1500，共进行 200 次蒙特卡洛实验。

目标的新生模型为 $\pi_\Gamma=\{(r_\Gamma^{(i)}, p_\Gamma^{(i)})\}_{i=1}^4$。其中，$r_\Gamma^{(i)}=0.04$，$p_\Gamma^{(i)}(\boldsymbol{x})=N(\boldsymbol{x}; \boldsymbol{m}_\Gamma^{(i)}, \boldsymbol{P}_\Gamma)$，$\boldsymbol{m}_\Gamma^{(1)}=[9000, 0, 5500, 0, 0]$，$\boldsymbol{m}_\Gamma^{(2)}=[1000, 0, 9000, 0, 0]$，$\boldsymbol{m}_\Gamma^{(3)}=[9000, 0, 8500, 0, 0]$，$\boldsymbol{m}_\Gamma^{(4)}=[3000, 0, 4000, 0, 0]$，$\boldsymbol{P}_\Gamma=\mathrm{diag}([100, 50, 100, 50, 2(\pi/180)])$。

在此仿真实验中，将 SMC-DPE-CBMeMBer 滤波与 SMC-MM-CBMeMBer 滤波进行比较。其中，SMC-DPE-CBMeMBer 滤波对转弯速率的变化未知，$\bar{\beta}=0.35$，$p_\partial(\partial_0)$以等间隔覆盖 $-12(\pi/180)\sim12(\pi/180)$ rad/s 的转弯速率区域；SMC-MM-CBMeMBer 滤波运动模型集选择 CV 模型和 CT 模型，并分别假定 CT 模型集中的转弯速率为 $\pm9(\pi/180)$ rad/s 和 $\pm4(\pi/180)$ rad/s，其概率转移矩阵为

$$[\bar{h}_{\vartheta\eta}]=\begin{bmatrix}1-\dfrac{\bar{\beta}}{2} & \dfrac{\bar{\beta}}{2} & \dfrac{\bar{\beta}}{2}\\ \dfrac{\bar{\beta}}{2} & 1-\dfrac{\bar{\beta}}{2} & \dfrac{\bar{\beta}}{2}\\ \dfrac{\bar{\beta}}{2} & \dfrac{\bar{\beta}}{2} & 1-\dfrac{\bar{\beta}}{2}\end{bmatrix} \tag{5-80}$$

图 5.3 对比了不同滤波算法的目标数估计结果。可以看出，DPE-CBMeMBer 滤波对目标数目的估计更为准确，这是由于该滤波在每一步递归中都对运动模型参数实时估计，使之与目标的运动模式相匹配。MM-CBMeMBer 滤波对目标数估计的精度取决于先验运动模型集与目标真实运动模式的匹配程度。由于模型中的运动参数往往是变化且未知的，模型集不匹配的情况很难避免，在此情况(0，±4(π/180) rad/s)下，MM-CBMeMBer 滤波的目标数估计精度较差。当模型集匹配(0，±9(π/180) rad/s)时，MM-CBMeMBer 滤波的目标数估计依然比 DPE-CBMeMBer 滤波差，这是由于其不同模型间存在相互干扰。另外，DPE-CBMeMBer 滤波中真实模型参数附近的粒子也会补充目标数的估计。

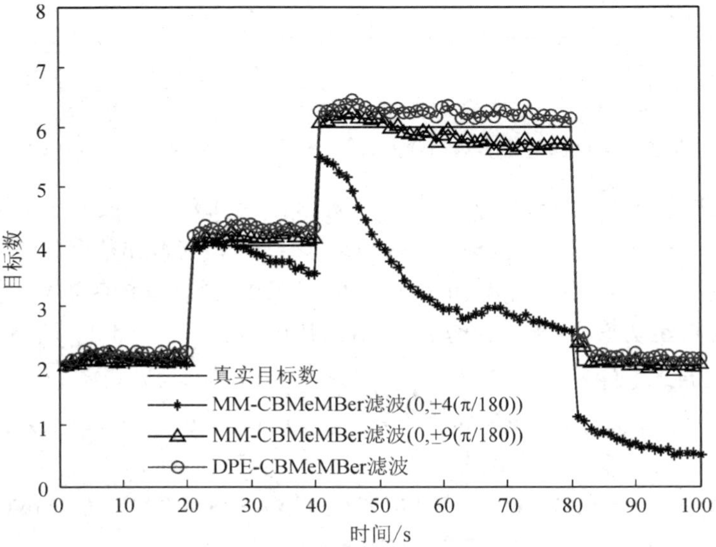

图 5.3 DPE-CBMeMBer 和 MM-CBMeMBer 滤波的目标数估计结果
(转弯速率单位：rad/s)

图 5.4 对比了不同滤波算法的目标数估计方差。整体来看，DPE-CBMeMBer 滤波略优于 MM-CBMeMBer 滤波(0，±9(π/180) rad/s)，而当 CT 运动模型集取为 $\omega=\pm 4(\pi/180)$ rad/s 时，目标数估计方差明显增大。

图 5.5 给出了 DPE-CBMeMBer 滤波和 MM-CBMeMBer 滤波的 OSPA 距离对比。可以看出，DPE-CBMeMBer 滤波的 OSPA 距离相较于 MM-CBMe-MBer 滤波更为稳定，这是由于其在每一时刻都综合估计了目标的状态和运动模型参数，因而对于模型参数的变化具有较好的适应性。而 MM-CBMeMBer 滤波的 OSPA 距离则在目标机动性较强的时间段内明显增大，这是由于其运动模型间

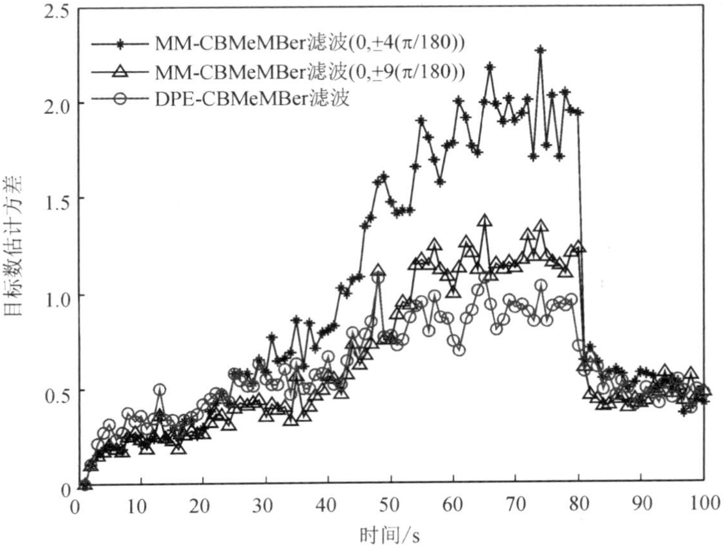

图 5.4　DPE-CBMeMBer 和 MM-CBMeMBer 滤波的目标数估计方差（转弯速率单位：rad/s）

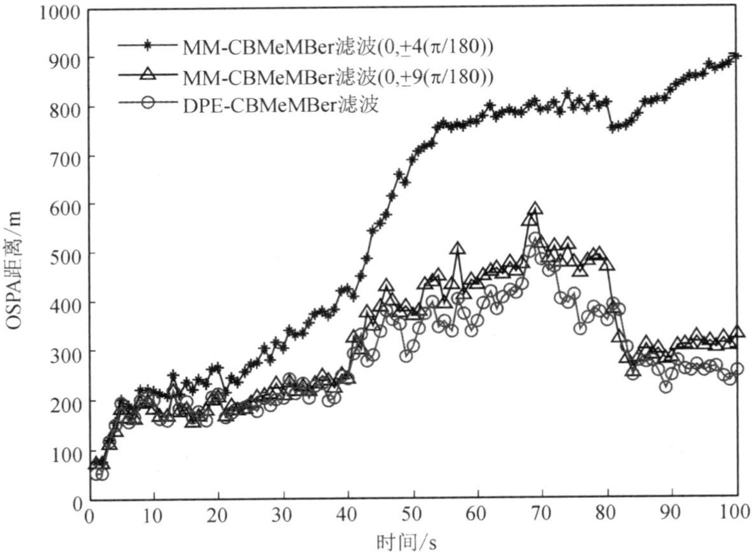

图 5.5　DPE-CBMeMBer 和 MM-CBMeMBer 滤波的 OSPA 距离（转弯速率单位：rad/s）

的软切换在目标频繁机动时准确度会下降。整体而言，DPE-CBMe-MBer 滤波的跟踪精度高于 $\omega=0$，$\pm 9(\pi/180)$ rad/s 时的 MM-CBMeMBer 滤波，这与图 5.3 所示趋势相一致。而当 $\omega=0$，$\pm 4(\pi/180)$ rad/s 时，MM-CBMeMBer 滤波发生明显失跟，OSPA 距离严重异常。

图 5.6 对比了不同采样粒子数下 DPE-CBMeMBer 滤波和 MM-CBMeMBer 滤波算法的平均 OSPA 距离。可以看出，随着采样粒子数的增加，两种滤波算法的跟踪性能都会相应提升。而在不同采样粒子数下，DPE-CBMeMBer 滤波的跟踪精度始终高于 MM-CBMeMBer 滤波。

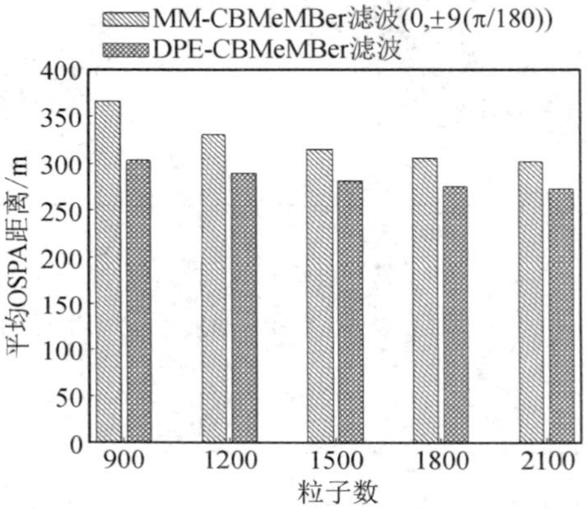

图 5.6 不同粒子数下的平均 OSPA 距离
（转弯速率单位：rad/s）

图 5.7 给出了不同采样粒子数下 DPE-CBMeMBer 滤波和 MM-CBMeMBer 滤波的平均运行时间对比。与 OSPA 距离相反，随着采样粒子数的增加，运行时间也会相应增加。在不同采样粒子数下，DPE-CBMeMBer 滤波的运行时间始终高于 MM-CBMeMBer 滤波，且差距不断增大。这是因为在 DPE-CBMeMBer 滤波中，需要对模型参数的粒子进行双倍的采样，并且增加了运动模型粒子更新的步骤。

为了进一步验证 DPE-CBMeMBer 滤波算法在复杂机动场景中的有效性，上述实验在目标匀速和转弯运动的基础上加入了匀加速运动。假设目标在 X 和 Y 方向上的加速度相同，其取值可以为 $\pm 8\ \mathrm{m/s^2}$。目标 1 于第 46 时刻加速并持续 10 个时刻；目标 2 于第 46 时刻加速并持续 5 个时刻，于第 71 时刻减速并持续 5 个时刻；目标 3 于第 46 时刻减速并持续 5 个时刻；目标 4 于第 61 时刻加速并持续 15 个时刻；目标 5 于第 21 时刻加速并持续 5 个时刻，于第 66 时刻加速并持续 10 个时刻；目标 6 于第 6 时刻加速并持续 5 个时刻，于第 31 时刻减速并持续

5 个时刻，于第 91 时刻减速并持续 5 个时刻。其余参数设定均保持不变。

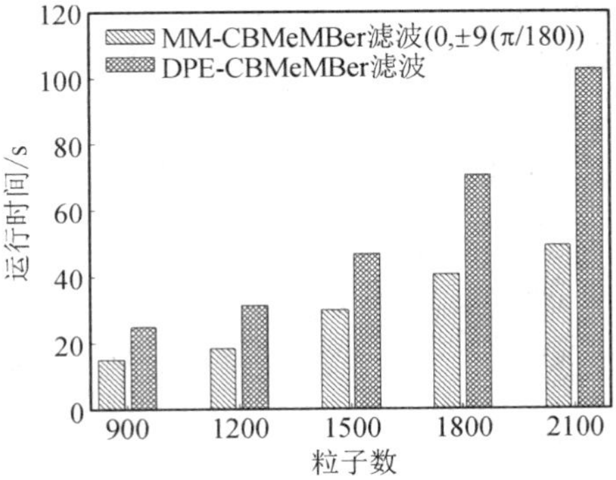

图 5.7　不同粒子数下的平均运行时间(转弯速率单位：rad/s)

在 DPE-CBMeMBer 滤波中，目标的运动加速度变化未知，$p_{\partial}(\partial_0)$增加以等间隔覆盖 $-10\sim10$ m/s^2 的加速度区域。MM-CBMeMBer 滤波的运动模型集增加 CA 模型，并分别假定 CA 模型集中的加速度为 ±8 m/s^2 和 ±4 m/s^2，CT 模型集仅取匹配的 $\omega=\pm9(\pi/180)$ rad/s 模型。

图 5.8 给出了增加非匀速运动方式下的 DPE-CBMeMBer 滤波和 MM-CBMeMBer 滤波算法的平均 OSPA 距离对比。与图 5.6 比较可以看出，在强机动环境中，DPE-CBMeMBer 滤波和模型集完全匹配的 MM-CBMeMBer 滤波的平均 OSPA 距离均有所增加，但幅度并不明显，此两种算法对不同的运动环境均具有良好的适应性，其中 DPE-CBMeMBer 滤波算法更优。当 MM-CBMeMBer 滤波出现模型集不匹配时，其跟踪性能 8 依然下降明显。

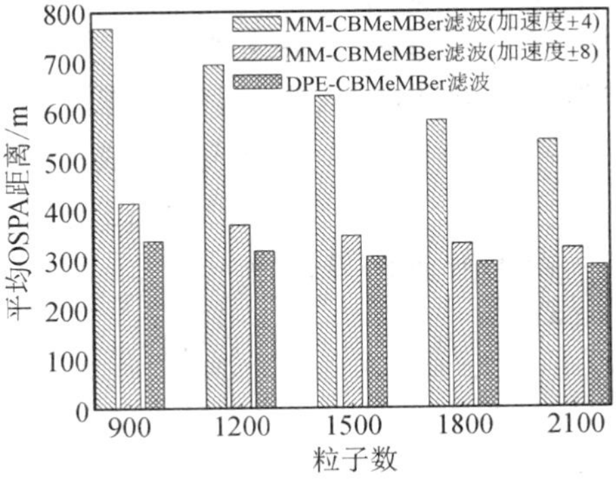

图 5.8　强机动环境中不同粒子数下的平均 OSPA 距离
(加速度单位：m/s^2)

图 5.9 给出了增加非匀速运动方式下的 DPE-CBMeMBer 滤波和 MM-CBMeMBer 滤波算法的平均运行时间对比。与图 5.7 比较可以看出，影响 MM-CBMeMBer 滤波运行时间的主要因素为模型数量而非模型匹配度。当场景机动更为复杂时，两类算法的运行时间均呈线性增长，且 DPE-CBMeMBer 滤波的运行时间始终较长。

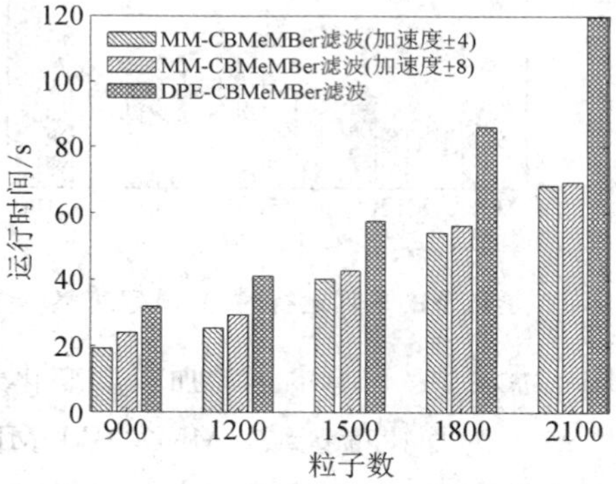

图 5.9 强机动环境中不同粒子数下的平均运行时间
（加速度单位：m/s^2）

本章小结

在多机动目标跟踪中，运动模型参数往往未知且随着时间变化，本章针对此问题，介绍了一种基于参数估计的多机动目标跟踪算法。该算法将基于 LW 滤波的 DPE 方法与 CBMeMBer 滤波相结合，通过 DPE 方法实时估计目标运动模型的时变参数分量，从而构造合适的状态转移矩阵，完成对多机动目标的跟踪。仿真实验结果表明，在运动模型参数未知且突然改变的情况下，该算法对目标的机动具有良好的适应性，相比于需要预先选择模型集的 MM-CBMeMBer 滤波，具有较强的鲁棒性。

第 6 章　未知杂波率和检测概率多目标跟踪方法

6.1 引　　言

在贝叶斯框架下的多目标滤波中，杂波率和检测概率通常根据经验或训练数据设为固定常量。杂波可以理解为不属于任何目标的虚假量测，其产生原因多种多样，如传感器或环境本身特征、外界主动干扰等。在此情况下，杂波率可能随时发生变化，将其视为固定已知显然并不准确。同样，由于各式各样的主动或被动干扰及不同的目标或传感器特性，检测概率也会在不同的时间出现未知的变化，固定已知的建模方法无法适应这些变化。杂波率和检测概率对目标的跟踪精度有着重要的影响，不准确的杂波率模型及检测概率模型会导致跟踪精度严重下降，甚至出现失跟、错跟等情况。

针对上述问题，Mahler 和 Ba-Ngu Vo 等人在 CPHD 滤波框架下提出了一种可以适应未知杂波率并根据传感器实际检测情况实时调整检测概率取值的多目标跟踪算法。该算法在杂波率及检测概率的变化低于或近似于量测更新率的条件下，将杂波看作由与目标并列的“伪目标”产生，对二者同时进行贝叶斯滤波运算，进而得到实时更新的杂波率信息。另外，通过贝塔分布拟合未知的检测概率，并在滤波过程中对其参数进行实时更新修正，最终根据已有信息完成对检测概率的估计。

然而，这种未知杂波率及检测概率下的 CPHD 滤波在建模中存在两个问题。

首先，CPHD 滤波更新步骤中的漏检部分包含了结构特殊的分式，该分式会导致目标和“伪目标”在漏检更新时出现预测势分布的混合，而非以各自对应的预测强度函数及检测概率进行漏检更新，最终会导致在目标和杂波的数目估计中出现分配失衡，即将部分属于目标的漏检量分配给杂波数估计，或反之。在 PHD 和 CBMeMBer 滤波中，更新步骤的漏检部分不存在此结构特殊的分式，其形式直接为预测强度函数与漏检概率的乘积。因此，将未知杂波率CPHD滤波中的杂波处理方法引入PHD和CBMeMBer滤波，可以避免此分配失衡问题。本章介绍了未知杂波率估计方法在CBMeMBer滤波中的实现。

另外，在未知检测概率CPHD滤波中，用于更新目标后验强度的检测概率预测值不包含当前时刻的量测信息，仅由前一时刻的检测概率估计值决定，因此导致了检测概率估计的时延。此时延的检测概率估计与滤波更新并不对应，在检测概率估值未达到稳定之前，会导致目标的跟踪精度下降。针对此问题，本章介绍了一种模块式滤波方法，将未知检测概率CPHD滤波中的检测概率估计部分和目标跟踪部分分开考虑，先通过当前时刻量测信息得到实时的检测概率估值，再将此估计结果带入滤波更新，从而避免检测概率估计的时延，提升算法的跟踪精度。

6.2 未知杂波率和检测概率势概率假设密度滤波

本节介绍未知杂波率和未知检测概率下的CPHD滤波方法，该方法将杂波看作"伪目标"，用贝塔分布拟合检测概率，从而拓展了多目标跟踪理论在复杂杂波条件下的应用，同时，分析其算法面临的杂波目标势分配失衡问题和检测概率估计时延问题。

6.2.1 杂波和目标的分配失衡问题

首先介绍未知杂波率CPHD滤波。$\chi^{(1)}$表示真实目标状态空间，$\chi^{(0)}$表示杂波对应的伪目标状态空间，其混合状态空间可以表示为

$$\ddot{\chi}=\chi^{(1)}\uplus\chi^{(0)} \tag{6-1}$$

其中，$\uplus$表示不相交的交集。$\ddot{\boldsymbol{x}}\in\ddot{\chi}$，$\boldsymbol{x}\in\chi^{(1)}$，$\bar{\boldsymbol{x}}\in\chi^{(0)}$，在此空间的积分$\ddot{\chi}\rightarrow\mathbb{R}$可以表示为

$$\int_{\ddot{\chi}}\ddot{f}(\ddot{\boldsymbol{x}})\mathrm{d}\ddot{\boldsymbol{x}}=\int_{\chi^{(1)}}\ddot{f}(\boldsymbol{x})\mathrm{d}\boldsymbol{x}+\int_{\chi^{(0)}}\ddot{f}(\bar{\boldsymbol{x}})\mathrm{d}\bar{\boldsymbol{x}} \tag{6-2}$$

k时刻真实目标状态集和杂波伪目标状态集均包含存活和新生，表示为

$$\boldsymbol{X}_k^{(1)}=\bigcup_{\boldsymbol{x}_{k-1}\in\boldsymbol{X}_{k-1}^{(1)}}\boldsymbol{S}_{k|k-1}^{(1)}(\boldsymbol{x}_{k-1})\cup\boldsymbol{\Gamma}_k^{(1)} \tag{6-3}$$

$$\boldsymbol{X}_k^{(0)}=\bigcup_{\bar{\boldsymbol{x}}_{k-1}\in\boldsymbol{X}_{k-1}^{(0)}}\boldsymbol{S}_{k|k-1}^{(0)}(\bar{\boldsymbol{x}}_{k-1})\cup\boldsymbol{\Gamma}_k^{(0)} \tag{6-4}$$

其中，$\boldsymbol{S}_{k|k-1}^{(1)}(\boldsymbol{x}_{k-1})$表示存活真实目标RFS，$\boldsymbol{\Gamma}_k^{(1)}$表示新生真实目标RFS；

$\boldsymbol{S}_{k|k-1}^{(0)}(\bar{\boldsymbol{x}}_{k-1})$表示存活杂波伪目标 RFS，$\boldsymbol{\Gamma}_k^{(0)}$ 表示新生杂波伪目标 RFS。真实目标无法转换成杂波伪目标，反之亦然。

k 时刻量测集由目标量测集和杂波集组成，可以表示为

$$\boldsymbol{Z}_k=\boldsymbol{Z}_k^{(1)}(\boldsymbol{X}_k^{(1)})\cup\boldsymbol{Z}_k^{(0)}(\boldsymbol{X}_k^{(0)}) \tag{6-5}$$

其中，目标量测 RFS $\boldsymbol{Z}_k^{(1)}(\boldsymbol{X}_k^{(1)})$和杂波 RFS $\boldsymbol{Z}_k^{(0)}(\boldsymbol{X}_k^{(0)})$可以表示为

$$\boldsymbol{Z}_k^{(1)}(\boldsymbol{X}_k^{(1)})=\bigcup_{\boldsymbol{x}_k\in\boldsymbol{x}_k^{(1)}}\Theta_k^{(1)}(\boldsymbol{x}_k) \tag{6-6}$$

$$\boldsymbol{Z}_k^{(0)}(\boldsymbol{X}_k^{(0)})=\bigcup_{i=1,\cdots,|\boldsymbol{x}_k^{(0)}|}\Theta_{k,i}^{(0)} \tag{6-7}$$

这里将杂波作同一化考虑，不专门研究其状态分布。

未知杂波率 CPHD 滤波联合估计状态混合空间内的后验强度 $\ddot{D}_k(\cdot)$和后验势分布 $\ddot{\varphi}_k(\cdot)$。后验强度 $\ddot{D}_k(\cdot)$可以分解为

$$\ddot{D}_k(\ddot{\boldsymbol{x}})=\begin{cases}D_k^{(1)}(\boldsymbol{x}), & \ddot{\boldsymbol{x}}=\boldsymbol{x}\\ D_k^{(0)}(\bar{\boldsymbol{x}}), & \ddot{\boldsymbol{x}}=\bar{\boldsymbol{x}}\end{cases} \tag{6-8}$$

其中，$D_k^{(1)}(\cdot)$和 $D_k^{(0)}(\cdot)$分别表示真实目标和杂波伪目标的后验强度。由于杂波伪目标的检测概率和虚警率不依赖于其状态值，且其状态转移未知，这里仅用其后验数量估计 $N_k^{(0)}$ 衡量杂波伪目标。因此，后验平均杂波率估计可以表示为

$$\lambda_k=N_k^{(0)}p_{D,k}^{(0)} \tag{6-9}$$

1. 预测步骤

假设 $k-1$ 时刻真实目标的后验强度为 $D_{k-1}^{(1)}(\cdot)$，杂波伪目标的后验数量估计为 $N_{k-1}^{(0)}$，后验混合势分布为 $\ddot{\varphi}_{k-1}(\cdot)$。那么，其 k 时刻预测分别为

$$D_{k|k-1}^{(1)}(\boldsymbol{x})=\gamma_k^{(1)}(\boldsymbol{x})+\int p_{S,k}^{(1)}(\boldsymbol{x})f_{k|k-1}^{(1)}(\boldsymbol{x}\mid\boldsymbol{\zeta})D_{k-1}^{(1)}(\boldsymbol{x})\mathrm{d}\boldsymbol{\zeta} \tag{6-10}$$

$$N_{k|k-1}^{(0)}=N_{\Gamma,k}^{(0)}+p_{S,k}^{(0)}N_{k-1}^{(0)} \tag{6-11}$$

$$\ddot{\varphi}_{k|k-1}(\ddot{n})=\sum_{j=0}\ddot{\varphi}_{\Gamma,k}(\ddot{n}-j)\sum_{l=j}^{\infty}C_j^l\ddot{\varphi}_{k-1}(l)(1-\phi)^{l-j}\phi^j \tag{6-12}$$

$$\phi=\frac{\langle D_{k-1}^{(1)},p_{S,k}^{(1)}\rangle+N_{k-1}^{(0)}p_{S,k}^{(0)}}{\langle 1,D_{k-1}^{(1)}\rangle+N_{k-1}^{(0)}} \tag{6-13}$$

其中，$\gamma_k^{(1)}(\cdot)$表示真实目标的新生强度，$N_{\Gamma,k}^{(0)}$ 表示杂波伪目标的新生数估计，$\ddot{\varphi}_{\Gamma,k}(\cdot)$表示混合的新生势分布，$p_{S,k}^{(1)}(\cdot)$和 $p_{S,k}^{(0)}$ 分别表示真实目标和杂波伪目标的存在概率。

2. 更新步骤

假设 k 时刻真实目标的预测强度为 $D_{k|k-1}^{(1)}(\cdot)$，杂波伪目标的预测数量为 $N_{k|k-1}^{(0)}$，预测混合势分布为 $\ddot{\varphi}_{k|k-1}(\cdot)$。那么，在传感器量测集 $\boldsymbol{Z}_k$ 下，其 k 时刻更新分别为

$$N_k^{(0)}=N_{k|k-1}^{(0)}\left\{q_{D,k}^{(0)}\frac{\dfrac{\langle\ddot{\Upsilon}_k^1[\ddot{D}_{k|k-1},\boldsymbol{Z}_k],\ddot{\varphi}_{k|k-1}\rangle}{\langle\ddot{\Upsilon}_k^0[\ddot{D}_{k|k-1},\boldsymbol{Z}_k],\ddot{\varphi}_{k|k-1}\rangle}}{\langle 1,D_{k|k-1}^{(1)}\rangle+N_{k|k-1}^{(0)}}+\sum_{z\in\boldsymbol{Z}_k}\frac{p_{D,k}^{(0)}\kappa_k(\boldsymbol{z})}{p_{D,k}^{(0)}N_{k|k-1}^{(0)}\kappa_k(\boldsymbol{z})+\langle D_{k|k-1}^{(1)},p_{D,k}^{(1)}g_k(\boldsymbol{z}\mid\cdot)\rangle}\right\} \tag{6-14}$$

$$D_k^{(1)}(\boldsymbol{x})=D_{k|k-1}^{(1)}(\boldsymbol{x})\left\{\frac{q_{D,k}^{(1)}(\boldsymbol{x})\dfrac{\langle\ddot{\Upsilon}_k^1[\ddot{D}_{k|k-1},\boldsymbol{Z}_k],\ddot{\varphi}_{k|k-1}\rangle}{\langle\ddot{\Upsilon}_k^0[\ddot{D}_{k|k-1},\boldsymbol{Z}_k],\ddot{\varphi}_{k|k-1}\rangle}}{\langle 1,D_{k|k-1}^{(1)}\rangle+N_{k|k-1}^{(0)}}+\sum_{z\in\boldsymbol{Z}_k}\frac{p_{D,k}^{(1)}(\boldsymbol{x})g_k(\boldsymbol{z}\mid\boldsymbol{x})}{p_{D,k}^{(0)}N_{k|k-1}^{(0)}\kappa_k(\boldsymbol{z})+\langle v_{k|k-1}^{(1)},p_{D,k}^{(1)}g_k(z\mid\cdot)\rangle}\right\} \tag{6-15}$$

$$\ddot{\varphi}_k(\ddot{n})=\begin{cases}0, & \ddot{n}<|\boldsymbol{Z}_k|\\ \dfrac{\ddot{\varphi}_{k|k-1}(\ddot{n})\ddot{\Upsilon}_k^0[D_{k|k-1},\boldsymbol{Z}_k](\ddot{n})}{\langle\ddot{\varphi}_{k|k-1},\ddot{\Upsilon}_k^0\rangle}, & \ddot{n}\geqslant|\boldsymbol{Z}_k|\end{cases} \tag{6-16}$$

$$\ddot{\Upsilon}_k^{\bar{u}}[\ddot{D}_{k|k-1},\boldsymbol{Z}_k](\ddot{n})=\begin{cases}0, & \ddot{n}<|\boldsymbol{Z}_k|+\bar{u}\\ P_{|\boldsymbol{Z}_k|+u}^{\ddot{n}}\Phi^{\ddot{n}-(|\boldsymbol{Z}_k|+\bar{u})}, & \ddot{n}\geqslant|\boldsymbol{Z}_k|+\bar{u}\end{cases} \tag{6-17}$$

$$\Phi=1-\frac{\langle D_{k|k-1}^{(1)},p_{D,k}^{(1)}\rangle+N_{k|k-1}^{(0)}p_{D,k}^{(0)}}{\langle 1,D_{k|k-1}^{(1)}\rangle+N_{k|k-1}^{(0)}} \tag{6-18}$$

$$q_{D,k}^{(1)}(\boldsymbol{x})=1-p_{D,k}^{(1)}(\boldsymbol{x}) \tag{6-19}$$

$$q_{D,k}^{(0)}=1-p_{D,k}^{(0)} \tag{6-20}$$

其中，$p_{D,k}^{(1)}(\cdot)$和 $p_{D,k}^{(0)}$ 分别为真实目标和杂波伪目标的检测概率，$\kappa_k(\cdot)$为杂波强度。

3. 问题描述

从式(6-18)可以看出，杂波伪目标的数目估计更新公式(式(6-14))和真

实目标的强度更新公式(式(6-15))的漏检部分不仅包含了对应的预测信息和漏检概率，还包含了将真实目标和杂波伪目标预测及漏检概率混合的函数。此混合漏检概率从整体考虑对目标的检测，由于真实目标和杂波伪目标检测概率并不相同，因而必然会导致其漏检更新偏向其中某一方。一般情况下，对真实目标的检测概率较高，那么此混合概率将会导致其漏检更新与实际相比偏小，而杂波伪目标的漏检更新则相应偏大。无论目标量测与杂波数量是多少，此混合漏检概率都会导致杂波伪目标和真实目标间的势分配失衡。

6.2.2　未知检测概率的时延问题

本小节介绍未知检测概率 CPHD 滤波。为了估计未知非均匀的检测概率，将其作为增广分量加入目标的状态空间中。假设 $\chi^{(\Xi)}=[0, 1]$为检测概率状态空间。则增广状态空间可以表示为

$$\underline{\chi}=\chi^{(1)}\times\chi^{(\Xi)} \tag{6-21}$$

其中，×表示笛卡尔积。$\underline{\boldsymbol{x}}=[\boldsymbol{x}, a]\in\underline{\chi}$，$\boldsymbol{x}\in\chi^{(1)}$，$a\in\chi^{(\Xi)}=[0, 1]$，在此增广空间的积分 $\underline{\chi}\rightarrow\mathbb{R}$ 可以表示为

$$\int_{\underline{\chi}}\underline{f}(\underline{\boldsymbol{x}})\mathrm{d}\underline{x}=\int_{\chi^{(\Xi)}}\int_{\chi^{(1)}}\underline{f}(\boldsymbol{x}, a)\mathrm{d}\boldsymbol{x}\,\mathrm{d}a \tag{6-22}$$

由于本小节不考虑对杂波的处理，因而只出现符号$^{(1)}$，不出现符号$^{(0)}$。

增广状态下目标的存在概率及状态转移函数可以表示为

$$\underline{p}_{S,k}(\underline{\boldsymbol{x}})=\underline{p}_{S,k}(\boldsymbol{x}, a)=p_{S,k}^{(1)}(\boldsymbol{x}) \tag{6-23}$$

$$\underline{f}_{k|k-1}(\underline{\boldsymbol{x}}|\underline{\boldsymbol{\zeta}})=\underline{f}_{k|k-1}(\boldsymbol{x}, a|\boldsymbol{\zeta}, \alpha)=f_{k|k-1}^{(1)}(\boldsymbol{x}|\boldsymbol{\zeta})f_{k|k-1}^{(\Xi)}(a|\alpha) \tag{6-24}$$

增广状态下目标的检测概率和量测似然函数可以表示为

$$\underline{p}_{D,k}(\underline{\boldsymbol{x}})=\underline{p}_{D,k}(\boldsymbol{x}, a)=a \tag{6-25}$$

$$\underline{g}_k(\boldsymbol{z}|\underline{\boldsymbol{x}})=\underline{g}_k(\boldsymbol{z}|\boldsymbol{x}, a)=g_k(\boldsymbol{z}|\boldsymbol{x}) \tag{6-26}$$

1. 预测步骤

假设 $k-1$ 时刻后验强度为 $\underline{D}_{k-1}^{(1)}(\cdot)$，后验势分布为 $\varphi_{k-1}(\cdot)$，则其 k 时刻预测可以表示为

$$\underline{D}_{k|k-1}^{(1)}(\boldsymbol{x}, \boldsymbol{a})=\underline{\gamma}_k^{(1)}(\boldsymbol{x}, a)+\iint_0^1 p_{S,k}(\zeta)f_{k|k-1}^{(\Xi)}(a\mid\alpha)f_{k|k-1}^{(1)}(\boldsymbol{x}\mid\boldsymbol{\zeta})\underline{D}_{k-1}^{(1)}(\boldsymbol{x}, \alpha)\mathrm{d}\alpha\,\mathrm{d}\boldsymbol{\zeta} \tag{6-27}$$

$$\varphi_{k|k-1}(n)=\sum_{j=0}^{n}\varphi_{\Gamma,k}^{(1)}(n-j)\prod\nolimits_{k|k-1}[\underline{D}_{k-1}^{(1)}, \varphi_{k-1}](j) \tag{6-28}$$

其中

$$\prod_{k|k-1}[\underline{D}, \varphi](j)=\sum_{l=j}^{\infty} C_j^l \varphi(l) \frac{\langle \underline{p}_{S,k}, \underline{D}\rangle^j \langle 1-\underline{p}_{S,k}, \underline{D}\rangle^{l-j}}{\langle 1, \underline{D}\rangle^l} \tag{6-29}$$

2. 更新步骤

假设 k 时刻预测强度为 $\underline{D}_{k|k-1}^{(1)}(\cdot)$，预测势分布为 $\varphi_{k|k-1}(\cdot)$，则在传感器量测集 $\boldsymbol{Z}_k$ 下，其 k 时刻更新分别为

$$\underline{D}_k^{(1)}(\boldsymbol{x}, a)=\underline{D}_{k|k-1}^{(1)}(\boldsymbol{x}, a)\left((1-a)\frac{\langle \underline{\Upsilon}_k^1[\underline{D}_{k|k-1}^{(1)}, \boldsymbol{Z}_k], \varphi_{k|k-1}\rangle}{\langle \underline{\Upsilon}_k^0[\underline{D}_{k|k-1}^{(1)}, \boldsymbol{Z}_k], \varphi_{k|k-1}\rangle}+\right.$$

$$\left.\sum_{\boldsymbol{z}\in \boldsymbol{Z}_k} \underline{\psi}_{k,z}(\boldsymbol{x}, a)\frac{\langle \underline{\Upsilon}_k^1[\underline{D}_{k|k-1}^{(1)}, \boldsymbol{Z}_k-\{\boldsymbol{z}\}], \varphi_{k|k-1}\rangle}{\langle \underline{\Upsilon}_k^0[\underline{D}_{k|k-1}^{(1)}, \boldsymbol{Z}_k], \varphi_{k|k-1}\rangle}\right) \tag{6-30}$$

$$\varphi_k(n)=\frac{\varphi_{k|k-1}(n)\underline{\Upsilon}_k^0[\underline{D}_{k|k-1}^{(1)}, \boldsymbol{Z}_k](n)}{\langle \varphi_{k|k-1}, \underline{\Upsilon}_k^0[\underline{D}_{k|k-1}^{(1)}, \boldsymbol{Z}_k]\rangle} \tag{6-31}$$

其中

$$\underline{\Upsilon}_k^{\bar{u}}[\underline{D}_{k|k-1}^{(1)}, \boldsymbol{Z}_k](n)=\sum_{j=0}^{\min(|\boldsymbol{Z}_k|, n)} (|\boldsymbol{Z}_k|-j)!\ \varphi_{\kappa,k}(|\boldsymbol{Z}_k|-j) P_{j+\bar{u}}^n \times$$

$$\frac{\langle 1-\underline{p}_{D,k}, \underline{D}_{k|k-1}^{(1)}\rangle^{n-(j+\bar{u})}}{\langle 1, \underline{D}_{k|k-1}^{(1)}\rangle^n} e_j(\overline{\Xi}_k(\underline{D}_{k|k-1}^{(1)}, \boldsymbol{Z}_k)) \tag{6-32}$$

$$\underline{p}_{D,k}(\boldsymbol{x}, a)=a \tag{6-33}$$

$$\underline{\psi}_{k,z}(\boldsymbol{x}, a)=\frac{\langle 1, \kappa_k\rangle}{\kappa_k(\boldsymbol{z})} g_k(\boldsymbol{z}|\boldsymbol{x})a \tag{6-34}$$

$$\overline{\Xi}_k(\underline{D}_{k|k-1}^{(1)}, \boldsymbol{Z}_k)=\{\langle \underline{D}_{k|k-1}^{(1)}, \underline{\psi}_{k,z}\rangle : \boldsymbol{z}\in \boldsymbol{Z}_k\} \tag{6-35}$$

对于未知检测概率 a，采用贝塔分布对其拟合。在滤波中，经过多步递归计算后，会出现乘积形式的 $a^s(1-a)^t$，此形式可以与贝塔分布进行匹配。定义 $\Omega(\cdot; s, t)$ 为 $s>1$、$t>1$ 的贝塔分布，其均值和方差分别为

$$\widetilde{\omega}_\Omega=\frac{s}{s+t} \tag{6-36}$$

$$\sigma_\Omega^2=\frac{st}{(s+t)^2(s+t+1)} \tag{6-37}$$

同时，定义贝塔函数为

$$\bar{B}(s,\ t)=\int_0^1 a^{s-1}(1-a)^{t-1}\mathrm{d}a \tag{6-38}$$

假设 $k-1$ 时刻检测概率分布形式为 $\Omega(a;\ s_{k-1},\ t_{k-1})$，则其在 k 时刻的预测为

$$\Omega(a;s_{k-1},\ t_{k-1})\to\Omega(a;s_{k|k-1},\ t_{k|k-1}) \tag{6-39}$$

$$\tilde{\omega}_{\Omega,\ k|k-1}=\tilde{\omega}_{\Omega,\ k-1} \tag{6-40}$$

$$\sigma^2_{\Omega,\ k|k-1}=\Delta_\Omega\sigma^2_{\Omega,\ k-1} \tag{6-41}$$

其中，$\tilde{\omega}_{\Omega,\ k|k-1}$ 和 $\sigma^2_{\Omega,\ k|k-1}$ 分别为预测均值和方差，Δ_Ω 为一个固定的调节参数，一般取 $\Delta_\Omega>1$ 对预测方差进行放大。

通过 $\tilde{\omega}_{\Omega,\ k|k-1}$ 和 $\sigma^2_{\Omega,\ k|k-1}$，参数 s_{k-1} 和 t_{k-1} 的预测可以表示为

$$s_{k|k-1}=\left(\frac{\tilde{\omega}_{\Omega,\ k|k-1}(1-\tilde{\omega}_{\Omega,\ k|k-1})}{\sigma^2_{\Omega,\ k|k-1}}-1\right)\tilde{\omega}_{\Omega,\ k|k-1} \tag{6-42}$$

$$t_{k|k-1}=\left(\frac{\tilde{\omega}_{\Omega,\ k|k-1}(1-\tilde{\omega}_{\Omega,\ k|k-1})}{\sigma^2_{\Omega,\ k|k-1}}-1\right)(1-\tilde{\omega}_{\Omega,\ k|k-1}) \tag{6-43}$$

则 k 时刻的预测均值可重新表示为 $d_{k|k-1}$，具体如下

$$d_{k|k-1}=\frac{s_{k|k-1}}{s_{k|k-1}+t_{k|k-1}} \tag{6-44}$$

此均值将作为 k 时刻检测概率估计值参与到目标后验强度的更新中。此外，在更新的漏检部分中的 $(1-a)\Omega(a;s_{k|k-1},\ t_{k|k-1})$ 可以表示为

$$(1-a)\Omega(a;s_{k|k-1},\ t_{k|k-1})=\frac{\bar{B}(s_{k|k-1},\ t_{k|k-1}+1)}{\bar{B}(s_{k|k-1},\ t_{k|k-1})}\Omega(a;s_{k|k-1},\ t_{k|k-1}+1) \tag{6-45}$$

更新的检测部分中的 $a\Omega(a;s_{k|k-1},\ t_{k|k-1})$ 可以表示为

$$a\Omega(a;s_{k|k-1},\ t_{k|k-1})=\frac{\bar{B}(s_{k|k-1}+1,\ t_{k|k-1})}{\bar{B}(s_{k|k-1},\ t_{k|k-1})}\Omega(a;s_{k|k-1}+1,\ t_{k|k-1}) \tag{6-46}$$

式(6-45)和式(6-46)针对不同的情况将贝塔分布分别更新并传递至下一时刻开始新的递归。

3. 问题描述

利用贝塔分布拟合未知检测概率，可以将贝塔分布中参数 s 理解为目标被检测到的次数，将参数 t 理解为目标漏检的次数，这两个参数随时间变化而不

断更新，在检测部分的更新中 $s+1$，在漏检部分的更新中 $t+1$，当积累了多个时刻的信息之后，$\frac{s}{s+t}$ 可以准确描述目标的检测概率。

然而，由式(6-40)～式(6-44)可知，在 k 时刻，用于滤波的检测概率完全由之前时刻的信息积累得到，并未包含当前时刻的目标检测情况，这导致了检测概率的估计有一个时刻的时延，将此估计值用于当前时刻的滤波中并不准确，可能会影响算法的跟踪精度。

6.3 未知杂波率及检测概率势均衡多伯努利滤波

针对杂波和目标的分配失衡以及检测概率的时延，本节介绍了未知杂波率及检测概率 CBMeMBer 滤波，修正了目标和杂波的势估计偏差，补偿了检测概率的相对时延，使得跟踪方法性能得到提升。

6.3.1 未知杂波率势均衡多伯努利滤波

本节将 6.2.1 小节中针对杂波的处理方法引入 CBMeMBer 滤波中，由于对多目标后验密度的近似方式不同，CBMeMBer 滤波更新的漏检部分不包含 CPHD 滤波漏检更新中出现的特殊分式，而是由预测概率密度和漏检概率直接组成，因此可以避免未知杂波率 CPHD 滤波更新过程中出现的势分配失衡问题。具体推导如下：

用 $I=0, 1$ 分别代表 6.2.1 小节中出现的符号 $^{(0)}$ 和 $^{(1)}$，即 0 代表杂波对应的伪目标，1 代表真实目标。

1. 预测步骤

假设 $k-1$ 时刻真实目标和杂波伪目标的后验概率密度可以表示为

$$\pi_{I,k-1}=\{(r_{I,k-1}^{(i)}, p_{I,k-1}^{(i)})\}_{i=1}^{M_{k-1}} \tag{6-47}$$

则 k 时刻真实目标和杂波伪目标的预测概率密度可以表示为

$$\pi_{I,k|k-1}=\{(r_{\Gamma,I,k}^{(i)}, p_{\Gamma,I,k}^{(i)})\}_{i=1}^{M_{\Gamma,k}} \cup \{(r_{P,I,k|k-1}^{(i)}, p_{P,I,k|k-1}^{(i)})\}_{i=1}^{M_{k-1}} \tag{6-48}$$

其中

$$r_{P,I,k|k-1}^{(i)}=r_{I,k-1}^{(i)}\langle p_{I,k-1}^{(i)}, p_{S,I,k}\rangle \tag{6-49}$$

$$p_{P,I,k|k-1}^{(i)}(\boldsymbol{x})=\frac{\langle f_{I,k|k-1}(\boldsymbol{x}|\cdot), p_{I,k-1}^{(i)}p_{S,I,k}\rangle}{\langle p_{I,k-1}^{(i)}, p_{S,I,k}\rangle} \tag{6-50}$$

2. 更新步骤

假设 k 时刻真实目标和杂波伪目标的预测概率密度可以表示为

$$\pi_{I,k|k-1}=\{(r_{I,k|k-1}^{(i)},\ p_{I,k|k-1}^{(i)})\}_{i=1}^{M_{k|k-1}} \tag{6-51}$$

其中，$M_{k|k-1}=M_{k-1}+M_{\Gamma,k}$。

则 k 时刻真实目标和杂波伪目标的后验概率密度可以表示为

$$\pi_{I,k}=\{(r_{L,I,k}^{(i)},\ p_{L,I,k}^{(i)})\}_{i=1}^{M_{k|k-1}}\cup\{(r_{U,I,k}(\boldsymbol{z}),\ p_{U,I,k}(\cdot;\boldsymbol{z}))\}_{\boldsymbol{z}\in\boldsymbol{Z}_k} \tag{6-52}$$

其中

$$r_{L,I,k}^{(i)}=r_{I,k|k-1}^{(i)}\frac{1-\langle p_{I,k|k-1}^{(i)},\ p_{D,I,k}\rangle}{1-r_{I,k|k-1}^{(i)}\langle p_{I,k|k-1}^{(i)},\ p_{D,I,k}\rangle} \tag{6-53}$$

$$p_{L,I,k}^{(i)}(\boldsymbol{x})=p_{I,k|k-1}^{(i)}(\boldsymbol{x})\frac{1-p_{D,I,k}(\boldsymbol{x})}{1-\langle p_{I,k|k-1}^{(i)},\ p_{D,I,k}\rangle} \tag{6-54}$$

$$r_{U,I,k}(\boldsymbol{z})=\frac{\sum\limits_{i=1}^{M_{k|k-1}}\dfrac{r_{I,k|k-1}^{(i)}(1-r_{I,k|k-1}^{(i)})\langle p_{I,k|k-1}^{(i)},\ \psi_{k,I,z}\rangle}{(1-r_{I,k|k-1}^{(i)}\langle p_{I,k|k-1}^{(i)},\ p_{D,I,k}\rangle)^2}}{\sum\limits_{I'=0,1}\sum\limits_{i=1}^{M_{k|k-1}}\dfrac{r_{I',k|k-1}^{(i)}\langle p_{I',k|k-1}^{(i)},\ \psi_{k,I',z}\rangle}{1-r_{I',k|k-1}^{(i)}\langle p_{I',k|k-1}^{(i)},\ p_{D,I',k}\rangle}} \tag{6-55}$$

$$p_{U,I,k}(\boldsymbol{x};\ \boldsymbol{z})=\frac{\sum\limits_{i=1}^{M_{k|k-1}}\dfrac{r_{I,k|k-1}^{(i)}}{1-r_{I,k|k-1}^{(i)}}p_{I,k|k-1}^{(i)}(\boldsymbol{x})\psi_{k,I,z}(\boldsymbol{x})}{\sum\limits_{I'=0,1}\sum\limits_{i=1}^{M_{k|k-1}}\dfrac{r_{I',k|k-1}^{(i)}}{1-r_{I',k|k-1}^{(i)}}\langle p_{I',k|k-1}^{(i)},\ \psi_{k,I',z}\rangle} \tag{6-56}$$

$$\psi_{k,I,z}(\boldsymbol{x})=g_{I,k}(\boldsymbol{z}|\boldsymbol{x})p_{D,I,k}(\boldsymbol{x}) \tag{6-57}$$

真实目标的数目可以通过 $\hat{N}_k=\sum\limits_{i=1}^{M_k}r_{1,k}^{(i)}$ 估计，真实目标的状态可以通过相应的 $p_{1,k}^{(i)}(\boldsymbol{x})$的均值估计。杂波率可以通过 $\lambda_k=\sum\limits_{i=1}^{M_k}r_{0,k}^{(i)}\int p_{D,0,k}(\boldsymbol{x})p_{0,k}^{(i)}(\boldsymbol{x})\mathrm{d}\boldsymbol{x}$ 估计。由于杂波伪目标的转移方式难以考量，通常不考虑其状态，因此在上述未知杂波率 CBMeMBer 滤波中，可以将 $p_{0,k-1}^{(i)}$ 去除，只对 $r_{0,k-1}^{(i)}$ 进行迭代更新。

可以看出，与式(6-15)和式(6-14)不同，在式(6-53)中，不存在对检测概率的混合，$r_{L,I,k}^{(i)}$ 直接由各自的预测概率密度及检测概率决定。因此，在未知杂波率 CBMeMBer 滤波中，不存在未知杂波率 CPHD 滤波中的真实目标和杂波伪目标间的势分配失衡问题。

6.3.2　未知检测概率势均衡多伯努利滤波

针对 6.2.2 小节中未知检测概率 CPHD 滤波中的检测概率估计时延问题，

将检测概率估计函数从滤波过程中分离，利用估计步骤完成对当前时刻检测概率的更新，再将估计值引入滤波中完成对目标后验概率密度的更新。由于本小节不考虑对杂波的处理，因而去除符号 $I=0, 1$，仅包含真实目标。此外，对目标状态空间进行 6.2.2 小节中所介绍的增广。

1. 增广状态下的 CBMeMBer 滤波推导

1）预测步骤

假设 $k-1$ 时刻目标的后验概率密度可以表示为

$$\pi_{k-1}=\{(r_{k-1}^{(i)}, \underline{p}_{k-1}^{(i)})\}_{i=1}^{M_{k-1}} \tag{6-58}$$

则 k 时刻目标的预测概率密度可以表示为

$$\pi_{k|k-1}=\{(r_{\Gamma,k}^{(i)}, \underline{p}_{\Gamma,k}^{(i)})\}_{i=1}^{M_{\Gamma,k}} \cup \{(r_{P,k|k-1}^{(i)}, \underline{p}_{P,k|k-1}^{(i)})\}_{i=1}^{M_{k-1}} \tag{6-59}$$

其中

$$r_{P,k|k-1}^{(i)}=r_{k-1}^{(i)}\langle \underline{p}_{k-1}^{(i)}, p_{S,k}\rangle \tag{6-60}$$

$$\underline{p}_{P,k|k-1}^{(i)}(\boldsymbol{x}, a)=\frac{\langle f_{k|k-1}^{(\Xi)}(a|\cdot)f_{k|k-1}(\boldsymbol{x}|\cdot), \underline{p}_{k-1}^{(i)}p_{S,k}\rangle}{\langle \underline{p}_{k-1}^{(i)}, p_{S,k}\rangle} \tag{6-61}$$

2）更新步骤

将式合并表示为

$$\pi_{k|k-1}=\{(r_{k|k-1}^{(i)}, \underline{p}_{k|k-1}^{(i)})\}_{i=1}^{M_{k|k-1}} \tag{6-62}$$

其中，$M_{k|k-1}=M_{k-1}+M_{\Gamma,k}$。则 k 时刻目标的后验概率密度可以表示为

$$\pi_k=\{(r_{L,k}^{(i)}, \underline{p}_{L,k}^{(i)})\}_{i=1}^{M_{k|k-1}} \cup \{(r_{U,k}(\boldsymbol{z}), \underline{p}_{U,k}(\cdot;\boldsymbol{z}))\}_{\boldsymbol{z}\in \boldsymbol{Z}_k} \tag{6-63}$$

其中

$$r_{L,k}^{(i)}=r_{k|k-1}^{(i)}\frac{1-\langle \underline{p}_{k|k-1}^{(i)}, \underline{p}_{D,k}\rangle}{1-r_{k|k-1}^{(i)}\langle \underline{p}_{k|k-1}^{(i)}, \underline{p}_{D,k}\rangle} \tag{6-64}$$

$$\underline{p}_{L,k}^{(i)}(\boldsymbol{x}, a)=\underline{p}_{k|k-1}^{(i)}(\boldsymbol{x}, a)\frac{1-a}{1-\langle \underline{p}_{k|k-1}^{(i)}, \underline{p}_{D,k}\rangle} \tag{6-65}$$

$$r_{U,k}(\boldsymbol{z})=\frac{\sum_{i=1}^{M_{k|k-1}}\frac{r_{k|k-1}^{(i)}(1-r_{k|k-1}^{(i)})\langle \underline{p}_{k|k-1}^{(i)}, \psi_{k,z}\rangle}{(1-r_{k|k-1}^{(i)}\langle \underline{p}_{k|k-1}^{(i)}, \underline{p}_{D,k}\rangle)^2}}{\kappa_k(\boldsymbol{z})+\sum_{i=1}^{M_{k|k-1}}\frac{r_{k|k-1}^{(i)}\langle \underline{p}_{k|k-1}^{(i)}, \psi_{k,z}\rangle}{1-r_{k|k-1}^{(i)}\langle \underline{p}_{k|k-1}^{(i)}, \underline{p}_{D,k}\rangle}} \tag{6-66}$$

$$p_{U,k}(\boldsymbol{x},a;\boldsymbol{z})=\frac{\sum_{i=1}^{M_{k|k-1}}\frac{r_{k|k-1}^{(i)}}{1-r_{k|k-1}^{(i)}}p_{k|k-1}^{(i)}(\boldsymbol{x},a)\psi_{k,z}(\boldsymbol{x},a)}{\sum_{i=1}^{M_{k|k-1}}\frac{r_{k|k-1}^{(i)}}{1-r_{k|k-1}^{(i)}}\langle p_{k|k-1}^{(i)},\psi_{k,z}\rangle} \tag{6-67}$$

$$\psi_{k,z}(x,a)=g_k(\boldsymbol{z}|\boldsymbol{x})a \tag{6-68}$$

在此基础上，将贝塔分布引入增广状态下的 CBMeMBer 滤波，对检测概率进行实时估计，再将估计值带入标准 CBMeMBer 滤波更新，从而实现对目标后验概率密度的近似，同时，目标的运动状态通过混合的高斯分布拟合。

2. 贝塔-高斯混合的未知检测概率 CBMeMBer 滤波推导

1）检测概率估计步骤

目标的新生模型可以表示为$\{(r_{\Gamma,k}^{(i)},p_{\Gamma,k}^{(i)})\}_{i=1}^{M_{\Gamma,k}}$，并且有

$$p_{\Gamma,k}^{(i)}(\boldsymbol{x},a)=\sum_{j=1}^{J_{\Gamma,k}^{(i)}}w_{\Gamma,k}^{(i,j)}\Omega(a;s_{\Gamma,k}^{(i,j)},t_{\Gamma,k}^{(i,j)})N(\boldsymbol{x};\boldsymbol{m}_{\Gamma,k}^{(i,j)},\boldsymbol{P}_{\Gamma,k}^{(i,j)}) \tag{6-69}$$

其中，$r_{\Gamma,k}^{(i)}$、$M_{\Gamma,k}$、$J_{\Gamma,k}^{(i)}$、$w_{\Gamma,k}^{(i,j)}$、$s_{\Gamma,k}^{(i,j)}$、$t_{\Gamma,k}^{(i,j)}$、$\boldsymbol{m}_{\Gamma,k}^{(i,j)}$ 和 $\boldsymbol{P}_{\Gamma,k}^{(i,j)}$ 均为给定的模型参数。

假设 $k-1$ 时刻，目标的后验概率密度为 $\pi_{k-1}=\{(r_{k-1}^{(i)},p_{k-1}^{(i)})\}_{i=1}^{M_{k-1}}$，其中

$$p_{k-1}^{(i)}(\boldsymbol{x},a)=\sum_{j=1}^{J_{k-1}^{(i)}}w_{k-1}^{(i,j)}\Omega(a;s_{k-1}^{(i,j)},t_{k-1}^{(i,j)})N(\boldsymbol{x};\boldsymbol{m}_{k-1}^{(i,j)},\boldsymbol{P}_{k-1}^{(i,j)}) \tag{6-70}$$

则 k 时刻预测概率密度为

$$\pi_{k|k-1}=\{(r_{\Gamma,k}^{(i)},p_{\Gamma,k}^{(i)})\}_{i=1}^{M_{\Gamma,k}}\cup\{(r_{P,k|k-1}^{(i)},p_{P,k|k-1}^{(i)})\}_{i=1}^{M_{k-1}}$$

其中

$$r_{P,k|k-1}^{(i)}=r_{k-1}^{(i)}p_{S,k} \tag{6-71}$$

$$p_{P,k|k-1}^{(i)}(\boldsymbol{x},a)=\sum_{j=1}^{J_{k-1}^{(i)}}w_{k-1}^{(i,j)}\Omega(a;s_{P,k|k-1}^{(i,j)},t_{P,k|k-1}^{(i,j)})N(\boldsymbol{x};\boldsymbol{m}_{P,k|k-1}^{(i,j)},P_{P,k|k-1}^{(i,j)}) \tag{6-72}$$

并且

$$s_{P,k|k-1}^{(i,j)}=\left(\frac{\widetilde{\omega}_{\Omega,k|k-1}^{(i,j)}(1-\widetilde{\omega}_{\Omega,k|k-1}^{(i,j)})}{[\sigma_{\Omega,k|k-1}^{(i,j)}]^2}-1\right)\widetilde{\omega}_{\Omega,k|k-1}^{(i,j)} \tag{6-73}$$

$$t_{P,k|k-1}^{(i,j)}=\left(\frac{\widetilde{\omega}_{\Omega,k|k-1}^{(i,j)}(1-\widetilde{\omega}_{\Omega,k|k-1}^{(i,j)})}{[\sigma_{\Omega,k|k-1}^{(i,j)}]^2}-1\right)(1-\widetilde{\omega}_{\Omega,k|k-1}^{(i,j)}) \tag{6-74}$$

$$\boldsymbol{m}_{P,k|k-1}^{(i,j)}=\boldsymbol{F}_{k-1}\boldsymbol{m}_{k-1}^{(i,j)} \tag{6-75}$$

$$\boldsymbol{P}_{P,k|k-1}^{(i,j)}=\boldsymbol{Q}_{k-1}+\boldsymbol{F}_{k-1}\boldsymbol{P}_{k-1}^{(i,j)}\boldsymbol{F}_{k-1}^{\mathrm{T}} \tag{6-76}$$

$$\widetilde{\omega}_{\Omega,\,k|k-1}^{(i,\,j)}=\widetilde{\omega}_{\Omega,\,k-1}^{(i,\,j)}=\frac{s_{k-1}^{(i,\,j)}}{s_{k-1}^{(i,\,j)}+t_{k-1}^{(i,\,j)}} \tag{6-77}$$

$$[\sigma_{\Omega,\,k|k-1}^{(i,\,j)}]^2=|\Delta_\Omega|[\sigma_{\Omega,\,k-1}^{(i,\,j)}]^2=|\Delta_\Omega|\frac{s_{k-1}^{(i,\,j)}t_{k-1}^{(i,\,j)}}{(s_{k-1}^{(i,\,j)}+t_{k-1}^{(i,\,j)})^2(s_{k-1}^{(i,\,j)}+t_{k-1}^{(i,\,j)}+1)} \tag{6-78}$$

将 k 时刻预测概率密度表示为

$$\pi_{k|k-1}=\{(r_{k|k-1}^{(i)},\ \underline{p}_{k|k-1}^{(i)})\}_{i=1}^{M_{k|k-1}}$$

其中

$$\underline{p}_{k|k-1}^{(i)}(\boldsymbol{x},\ a)=\sum_{j=1}^{J_{k|k-1}^{(i)}}w_{k|k-1}^{(i,\,j)}\Omega(a;s_{k|k-1}^{(i,\,j)},\ t_{k|k-1}^{(i,\,j)})N(\boldsymbol{x};\ \boldsymbol{m}_{k|k-1}^{(i,\,j)},\ \boldsymbol{P}_{k|k-1}^{(i,\,j)}) \tag{6-79}$$

则 k 时刻后验概率密度为

$$\pi_k=\{(r_{L,\,k}^{(i)},\ \underline{p}_{L,\,k}^{(i)})\}_{i=1}^{M_{k|k-1}}\cup\{(r_{U,\,k}(\boldsymbol{z}),\ \underline{p}_{U,\,k}(\cdot\,;\boldsymbol{z}))\}_{\boldsymbol{z}\in \boldsymbol{Z}_k}$$

其中

$$r_{L,\,k}^{(i)}=r_{k|k-1}^{(i)}\frac{1-\sum_{j=1}^{J_{k|k-1}^{(i)}}w_{k|k-1}^{(i,\,j)}d_{k|k-1}^{(i,\,j)}}{1-r_{k|k-1}^{(i)}\sum_{j=1}^{J_{k|k-1}^{(i)}}w_{k|k-1}^{(i,\,j)}d_{k|k-1}^{(i,\,j)}} \tag{6-80}$$

$$\begin{aligned}&\underline{p}_{L,\,k}^{(i)}(\boldsymbol{x},\ a)\\&=\frac{1}{1-\sum_{j=1}^{J_{k|k-1}^{(i)}}w_{k|k-1}^{(i,\,j)}d_{k|k-1}^{(i,\,j)}}\times\\&\sum_{j=1}^{J_{k|k-1}^{(i)}}w_{k|k-1}^{(i,\,j)}\frac{\bar{B}(s_{k|k-1}^{(i,\,j)},\ t_{k|k-1}^{(i,\,j)}+1)}{\bar{B}(s_{k|k-1}^{(i,\,j)},\ t_{k|k-1}^{(i,\,j)})}\Omega(a;s_{k|k-1}^{(i,\,j)},\ t_{k|k-1}^{(i,\,j)}+1)N(\boldsymbol{x};\ \boldsymbol{m}_{k|k-1}^{(i,\,j)},\ \boldsymbol{P}_{k|k-1}^{(i,\,j)})\end{aligned} \tag{6-81}$$

$$r_{U,\,k}(\boldsymbol{z})=\frac{\sum_{i=1}^{M_{k|k-1}}\frac{r_{k|k-1}^{(i)}(1-r_{k|k-1}^{(i)})\underline{\rho}_{U,\,k}^{(i)}(\boldsymbol{z})}{\left(1-r_{k|k-1}^{(i)}\sum_{j=1}^{J_{k|k-1}^{(i)}}w_{k|k-1}^{(i,\,j)}d_{k|k-1}^{(i,\,j)}\right)^2}}{\kappa_k(\boldsymbol{z})+\sum_{i=1}^{M_{k|k-1}}\frac{r_{k|k-1}^{(i)}\underline{\rho}_{U,\,k}^{(i)}(\boldsymbol{z})}{1-r_{k|k-1}^{(i)}\sum_{j=1}^{J_{k|k-1}^{(i)}}w_{k|k-1}^{(i,\,j)}d_{k|k-1}^{(i,\,j)}}} \tag{6-82}$$

$$\underline{p}_{U,k}(\boldsymbol{x},a;\boldsymbol{z})=\frac{1}{\sum_{i=1}^{M_{k|k-1}}\sum_{j=1}^{J_{k|k-1}^{(i)}}d_{k|k-1}^{(i,j)}w_{U,k}^{(i,j)}(\boldsymbol{z})}\times$$
$$\sum_{i=1}^{M_{k|k-1}}\sum_{j=1}^{J_{k|k-1}^{(i)}}w_{U,k}^{(i,j)}(\boldsymbol{z})\frac{\bar{B}(s_{k|k-1}^{(i,j)}+1,t_{k|k-1}^{(i,j)})}{\bar{B}(s_{k|k-1}^{(i,j)},t_{k|k-1}^{(i,j)})}\Omega(a;s_{k|k-1}^{(i,j)}+1,t_{k|k-1}^{(i,j)})\cdot$$
$$N(\boldsymbol{x};\boldsymbol{m}_{U,k}^{(i,j)},\boldsymbol{P}_{U,k}^{(i,j)})\tag{6-83}$$

并且，

$$d_{k|k-1}^{(i,j)}=\frac{s_{k|k-1}^{(i,j)}}{s_{k|k-1}^{(i,j)}+t_{k|k-1}^{(i,j)}}\tag{6-84}$$

$$\underline{\rho}_{U,k}^{(i)}(\boldsymbol{z})=\sum_{j=1}^{J_{k|k-1}^{(i)}}d_{k|k-1}^{(i,j)}w_{k|k-1}^{(i,j)}N(\boldsymbol{z};\boldsymbol{H}_k\boldsymbol{m}_{k|k-1}^{(i,j)},\boldsymbol{H}_k\boldsymbol{P}_{k|k-1}^{(i,j)}\boldsymbol{H}_k^{\mathrm{T}}+\boldsymbol{R}_k)\tag{6-85}$$

$$w_{U,k}^{(i,j)}(\boldsymbol{z})=\frac{r_{k|k-1}^{(i)}}{1-r_{k|k-1}^{(i)}}w_{k|k-1}^{(i,j)}N(\boldsymbol{z};\boldsymbol{H}_k\boldsymbol{m}_{k|k-1}^{(i,j)},\boldsymbol{H}_k\boldsymbol{P}_{k|k-1}^{(i,j)}\boldsymbol{H}_k^{\mathrm{T}}+\boldsymbol{R}_k)\tag{6-86}$$

$$\boldsymbol{m}_{U,k}^{(i,j)}(\boldsymbol{z})=\boldsymbol{m}_{k|k-1}^{(i,j)}+\boldsymbol{P}_{k|k-1}^{(i,j)}\boldsymbol{H}_k^{\mathrm{T}}[\boldsymbol{H}_k\boldsymbol{P}_{k|k-1}^{(i,j)}\boldsymbol{H}_k^{\mathrm{T}}+\boldsymbol{R}_k]^{-1}(z-\boldsymbol{H}_k\boldsymbol{m}_{k|k-1}^{(i,j)})\tag{6-87}$$

$$\boldsymbol{P}_{U,k}^{(i,j)}=[\boldsymbol{I}-\boldsymbol{P}_{k|k-1}^{(i,j)}\boldsymbol{H}_k^{\mathrm{T}}[\boldsymbol{H}_k\boldsymbol{P}_{k|k-1}^{(i,j)}\boldsymbol{H}_k^{\mathrm{T}}+\boldsymbol{R}_k]^{-1}\boldsymbol{H}_k]\boldsymbol{P}_{k|k-1}^{(i,j)}\tag{6-88}$$

此时 π_k 可以表示为 $\{(r_k^{(i)},\underline{p}_k^{(i)})\}_{i=1}^{M_k}$，其中

$$\underline{p}_k^{(i)}(x,a)=\sum_{j=1}^{J_k^{(i)}}w_k^{(i,j)}\Omega(a;s_k^{(i,j)},t_k^{(i,j)})N(\boldsymbol{x};\boldsymbol{m}_k^{(i,j)},\boldsymbol{P}_k^{(i,j)})\tag{6-89}$$

对检测概率的估计可以通过下式计算：

$$d_k=\frac{\sum_{i=1}^{M_k}r_k^{(i)}\sum_{j=1}^{J_k^{(i)}}w_k^{(i,j)}\frac{s_k^{(i,j)}}{s_k^{(i,j)}+t_k^{(i,j)}}}{\sum_{i=1}^{M_k}r_k^{(i)}}\tag{6-90}$$

2）预测步骤

不考虑目标状态空间的增广，对 $k-1$ 时刻后验概率密度进行标准 CBMeMBer 滤波预测，可得 $\pi_{k|k-1}=\{(r_{k|k-1}^{(i)},p_{k|k-1}^{(i)})\}_{i=1}^{M_{k|k-1}}$，其中

$$p_{k|k-1}^{(i)}(\boldsymbol{x})=\sum_{j=1}^{J_{k|k-1}^{(i)}}w_{k|k-1}^{(i,j)}N(\boldsymbol{x};\boldsymbol{m}_{k|k-1}^{(i,j)},\boldsymbol{P}_{k|k-1}^{(i,j)})\tag{6-91}$$

3）更新步骤

将式的检测概率带入标准 CBMeMBer 滤波更新，可得

$$\pi_k=\{(r_{L,k}^{(i)},\ p_{L,k}^{(i)})\}_{i=1}^{M_{k|k-1}}\cup\{(r_{U,k}(\boldsymbol{z}),\ p_{U,k}(\cdot;\boldsymbol{z}))\}_{\boldsymbol{z}\in Z_k}$$

其中

$$r_{L,k}^{(i)}=r_{k|k-1}^{(i)}\frac{1-d_k}{1-r_{k|k-1}^{(i)}d_k} \tag{6-92}$$

$$p_{L,k}^{(i)}(\boldsymbol{x})=p_{k|k-1}^{(i)}(\boldsymbol{x}) \tag{6-93}$$

$$r_{U,k}(\boldsymbol{z})=\frac{\displaystyle\sum_{i=1}^{M_{k|k-1}}\frac{r_{k|k-1}^{(i)}(1-r_{k|k-1}^{(i)})\rho_{U,k}^{(i)}(\boldsymbol{z})}{(1-r_{k|k-1}^{(i)}d_k)^2}}{\displaystyle\kappa_k(\boldsymbol{z})+\sum_{i=1}^{M_{k|k-1}}\frac{r_{k|k-1}^{(i)}\rho_{U,k}^{(i)}(\boldsymbol{z})}{1-r_{k|k-1}^{(i)}d_k}} \tag{6-94}$$

$$p_{U,k}(\boldsymbol{x},a;\boldsymbol{z})=\frac{\displaystyle\sum_{i=1}^{M_{k|k-1}}\sum_{j=1}^{J_{k|k-1}^{(i)}}w_{U,k}^{(i,j)}(\boldsymbol{z})N(\boldsymbol{x};\boldsymbol{m}_{U,k}^{(i,j)},\boldsymbol{P}_{U,k}^{(i,j)})}{\displaystyle\sum_{i=1}^{M_{k|k-1}}\sum_{j=1}^{J_{k|k-1}^{(i)}}w_{U,k}^{(i,j)}(\boldsymbol{z})} \tag{6-95}$$

并且

$$\rho_{U,k}^{(i)}(\boldsymbol{z})=d_k\sum_{j=1}^{J_{k|k-1}^{(i)}}w_{k|k-1}^{(i,j)}N(\boldsymbol{z};\boldsymbol{H}_k\boldsymbol{m}_{k|k-1}^{(i,j)},\boldsymbol{H}_k\boldsymbol{P}_{k|k-1}^{(i,j)}\boldsymbol{H}_k^{\mathrm{T}}+\boldsymbol{R}_k) \tag{6-96}$$

$$w_{U,k}^{(i,j)}(\boldsymbol{z})=\frac{r_{k|k-1}^{(i)}}{1-r_{k|k-1}^{(i)}}d_k w_{k|k-1}^{(i,j)}N(\boldsymbol{z};\boldsymbol{H}_k\boldsymbol{m}_{k|k-1}^{(i,j)},\boldsymbol{H}_k\boldsymbol{P}_{k|k-1}^{(i,j)}\boldsymbol{H}_k^{\mathrm{T}}+\boldsymbol{R}_k) \tag{6-97}$$

检测概率估计步骤利用当前时刻的量测集对预测项进行更新，并将此基于最新信息的检测概率估计值用于正式的滤波运算中，避免了 6.2.2 小节中算法出现的检测概率时延问题。

6.4 实验与分析

目标观测区域为[0，2000]m×[0，2000]m。共有 3 个目标先后出现于观测区域，运动方式为匀速直线运动。

目标的状态和量测转移方程同 3.3.2 小节中所述。过程噪声服从零均值高斯分布，其标准差 $\sigma_w=10\ \mathrm{m/s^2}$。量测噪声同样为零均值高斯噪声，其标准差 $\sigma_v=10$ m。杂波密度 $\kappa_k(\boldsymbol{z})=\lambda_c u(\boldsymbol{z})$，其中，$u(\boldsymbol{z})=1/V$ 为覆盖整个观测区域的均匀密度(V 为观测区域面积)。目标的真实轨迹如图 6.1 所示。

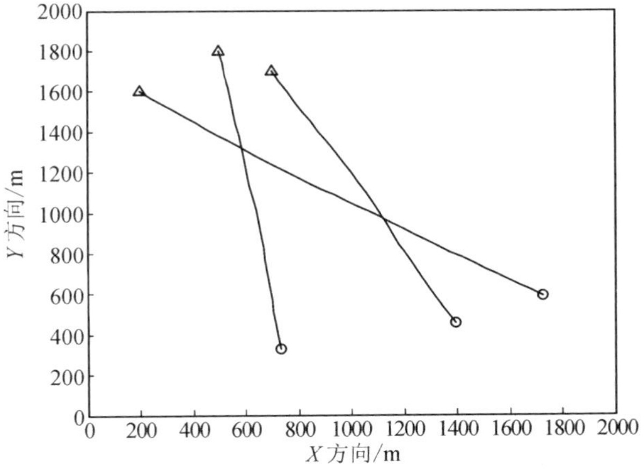

（△表示目标起始位置，○表示目标消失位置）

图 6.1　笛卡尔坐标系下目标的真实运动轨迹

目标的新生模型为

$$r_{\Gamma}^{(1)}=r_{\Gamma}^{(2)}=0.08$$

$$p_{\Gamma}^{(i)}(\boldsymbol{x})=N(\boldsymbol{x};\boldsymbol{m}_{\Gamma}^{(i)},\boldsymbol{P}_{\Gamma}),\ i=1,2$$

其中

$$\boldsymbol{m}_{\Gamma}^{(1)}=[200,0,1600,0]^{T}$$

$$\boldsymbol{m}_{\Gamma}^{(2)}=[700,0,1700,0]^{T}$$

$$\boldsymbol{P}_{\Gamma}=\mathrm{diag}([100,50,100,50]^{T})$$

6.4.1　未知杂波率滤波性能分析

传感器采样时间间隔 $T=1$ s，真实目标存在概率设为 $p_{S,1,k}=0.98$，真实目标检测概率设为 $p_{D,1,k}=0.98$，杂波对应的伪目标的存在概率设为 $p_{S,0,k}=0.9$，杂波对应的伪目标的检测概率设为 $p_{D,0,k}=0.5$。不考虑杂波状态信息，初始杂波数设为 10，每一时刻新生杂波数设为 1。目标设置如表 6.1 所示。

表 6.1　采样间隔 $T=1$ s 时目标的初始位置和运动时刻

目标	初始位置/m	起始时刻	终止时刻
1	(500，1800)	1	25
2	(200，1600)	6	40
3	(700，1700)	16	40

图 6.2 给出了未知杂波率 CBMeMBer 滤波和未知杂波率 CPHD 滤波的杂波伪目标数估计结果对比。可以看出，在真实目标检测概率高于杂波伪目标检测概率的情况下，未知杂波率 CBMeMBer 滤波对于杂波的估计更为准确。在杂波率估计偏低时，其值约等于 CPHD 滤波估计值，当杂波率估计偏高时，其值小于 CPHD 滤波估计值。这是由于未知杂波率 CBMeMBer 滤波在更新的漏检部分不存在不同类型目标的检测概率混合，从而避免了将真实目标错估为杂波伪目标。

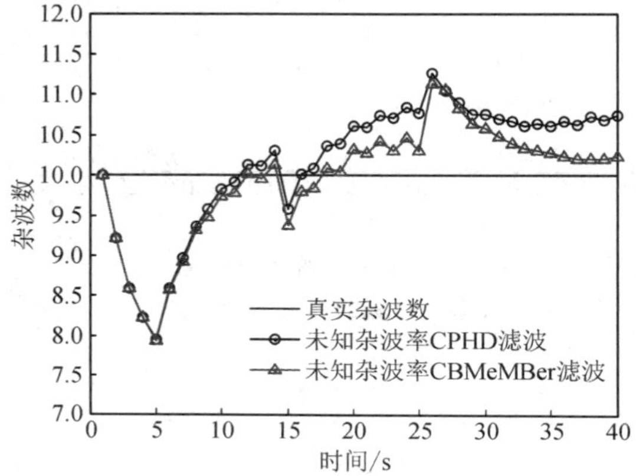

图 6.2　未知杂波率 CBMeMBer 和 CPHD 滤波的杂波伪目标数估计结果

图 6.3 给出了未知杂波率 CBMeMBer 滤波和未知杂波率 CPHD 滤波的总目标数估计结果对比。可以看出，此两种滤波方法估计的总目标数目大体相当，其差异主要显示在对真实目标和杂波伪目标的数目分配上。

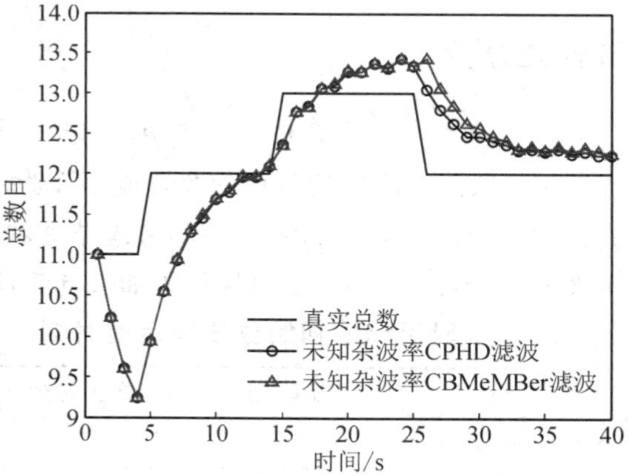

图 6.3　未知杂波率 CBMeMBer 和 CPHD 滤波的总目标数估计结果

图 6.4 给出了未知杂波率 CBMeMBer 滤波和未知杂波率 CPHD 滤波的目标数估计结果对比。可以看出，在对真实目标的估计中，由于避免了分配的失衡，未知杂波率 CBMeMBer 滤波的目标数估计更为准确。

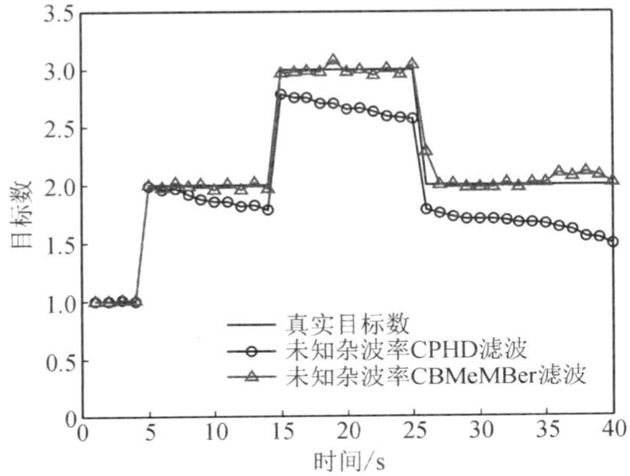

图 6.4　未知杂波率 CBMeMBer 和 CPHD 滤波的目标数估计结果

图 6.5 对比了这两种算法的 OSPA 距离，同样可以看出，未知杂波率 CBMeMBer 滤波的跟踪精度要优于未知杂波率 CPHD 滤波。

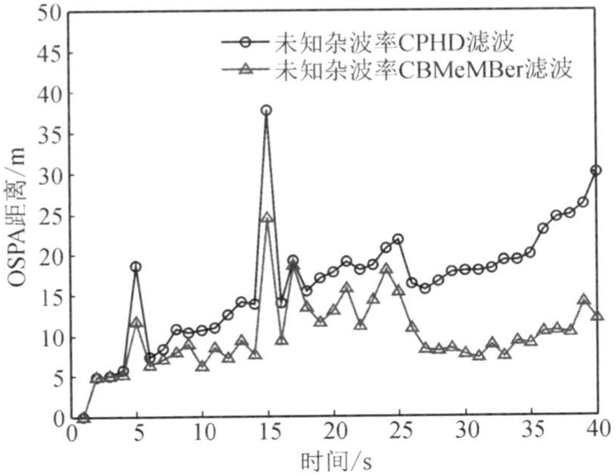

图 6.5　未知杂波率 CBMeMBer 和 CPHD 滤波的 OSPA 距离

6.4.2　未知检测概率滤波性能分析

传感器采样时间间隔 $T=0.5$ s，存在概率设为 $p_{S,k}=0.98$，检测概率设为 $p_{D,k}=0.9$。目标设置如表 6.2 所示。

表 6.2 采样间隔 $T=0.5$ s 时目标的初始位置和运动时刻

目标	初始位置/m	起始时刻	终止时刻
1	(500，1800)	1	50
2	(200，1600)	13	80
3	(700，1700)	31	80

图 6.6 给出了未知检测概率 CBMeMBer 滤波和改进的未知检测概率 CBMeMBer 滤波的目标数估计结果对比。其中，前者直接用 CBMeMBer 滤波框架替换 6.2.2 小节中的 CPHD 滤波框架，并未作其他改进。可以看出，改进的未知检测概率 CBMeMBer 滤波在时间累积阶段的目标数估计更为准确，这是由于其检测概率估计引入了最新时刻的量测信息，在检测概率估计不稳定的阶段能够大大降低估计时延带来的影响。而当贝塔分布对检测概率的拟合趋于稳定后，两种滤波算法的目标数估计基本一致，时延的影响可以忽略不计。当检测概率再次发生变化，需要重新积累时，改进的 CBMeMBer 滤波的优势会再次体现。

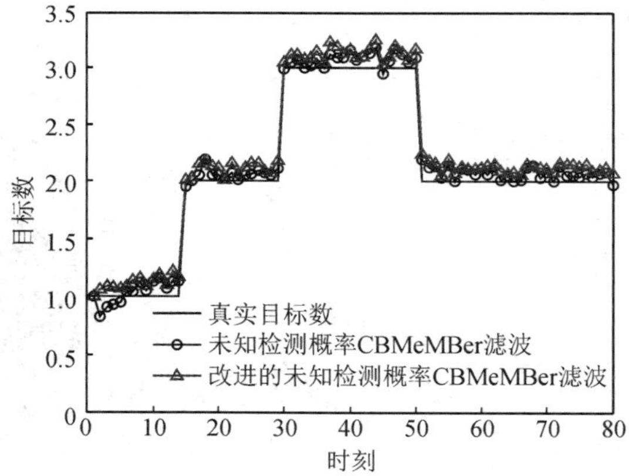

图 6.6 未知检测概率 CBMeMBer 滤波及其改进算法的目标数估计结果

图 6.7 给出了未知检测概率 CBMeMBer 滤波和改进的未知检测概率 CBMeMBer 滤波的 OSPA 距离对比。可以看出，改进的未知检测概率 CBMeMBer 滤波在检测概率估计积累阶段跟踪精度更好，当检测概率估计稳定后，与对比算法跟踪精度相仿。这与图 6.6 中显示的目标数估计趋势相一致。

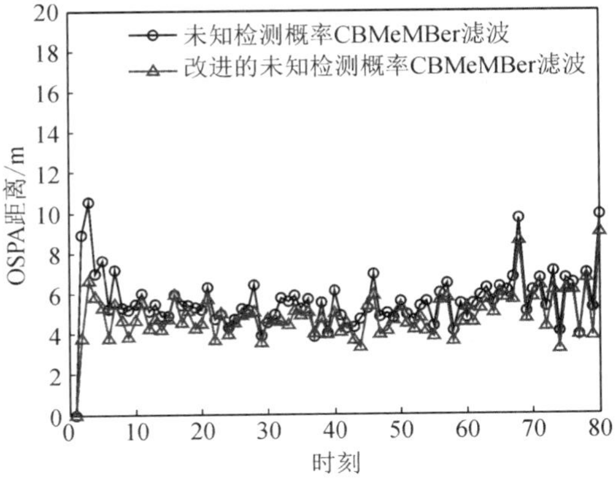

图 6.7　未知检测概率 CBMeMBer 滤波及其改进算法的 OSPA 距离

图 6.8 给出了两种算法的检测概率估计值对比。由图可知，在跟踪开始时，由于积累的量测信息不足，对检测概率的估计偏低，在经过多个时刻的积累后，检测概率的估计值趋于稳定，与真实检测概率相差不大。在检测概率估计积累阶段，其估计值变化较大，因而每一时刻由于时延造成的误差都非常明显，由于解决了此问题，改进的滤波算法对检测概率的估值更为准确。而当估计值稳定后，时刻间的差异变得很小，因而时延的影响非常微弱，两种算法的估值准确度相当。

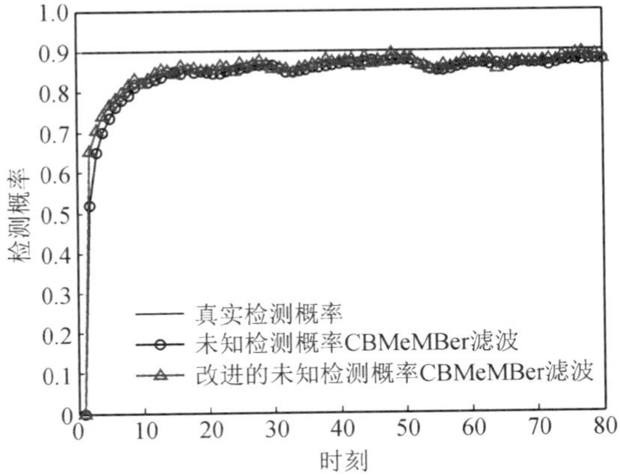

图 6.8　未知检测概率 CBMeMBer 滤波及其改进算法的检测概率估计值

本章小结

本章针对未知杂波率CPHD滤波中存在的真实目标和杂波伪目标势分配失衡问题，介绍了未知杂波率CBMeMBer滤波。该方法通过CBMeMBer滤波框架将更新中漏检部分的检测概率混合分开，对不同类型的目标单独考虑其检测概率及预测势强度，从而避免将真实目标混入杂波伪目标，或反之。此外，针对未知检测概率CPHD滤波中存在的检测概率估计时延问题，介绍了改进的未知检测概率CBMeMBer滤波。该方法通过先估计检测概率，再进行CBMeMBer滤波的方式，引入当前时刻量测对估计值进行更新，从而避免了只利用之前时刻信息估计检测概率而造成的时延。该方法在检测概率变化时估计准确度更高，滤波性能更优。

第 7 章　噪声野值下的势均衡多伯努利滤波方法

7.1 引　　言

在低杂波环境下，CBMeMBer 滤波易于实现，复杂度低，而且能够有效地处理多目标跟踪问题。CBMeMBer 滤波利用多伯努利 RFS 近似多目标后验概率密度，并通过递归传递多伯努利 RFS 的参数来实现多目标估计。GM-CBMeMBer 滤波通过近似多伯努利概率参数为高斯混合形式，在线性高斯多目标系统模型下具有较高的目标估计精度。

然而，在实际应用中，过程和量测噪声往往难以满足这一假设，因为在噪声中可能存在野值，野值是偏离于整体分布的样本值，就是在距离上与其他采样点相距较远的样本。此时，噪声不再服从高斯分布，而是服从重尾非高斯分布[199]。因此，当过程噪声和量测噪声出现野值时，由于 GM-CBMeMBer 滤波受限于高斯分布的轻尾特征无法处理重尾的野值，滤波方法跟踪性能将会降低。

近年来，学生 t 分布因其重尾特性而被广泛用来处理噪声野值。文献[200]～[203]将重尾过程噪声和量测噪声建模为学生 t 分布，并利用变分贝叶斯技术联合估计目标状态和噪声的参数。状态和噪声耦合在一起，需要定点迭代来计算其中耦合的变分参数，这导致了算法的计算复杂度增加。文献[199]将过程噪声和量测噪声以及目标的后验概率密度均近似为学生 t 分布，从而得到了基于学生 t 分布的卡尔曼滤波闭合解析解。此外，还可以利用不同的数值积分法将学生 t 分布卡尔曼滤波[199]扩展到非线性系统。上述算法只适用于单目标跟踪，无法处理重尾过程噪声和量测噪声下的多目标跟踪问题。

本章针对具有过程噪声和量测噪声野值的多目标跟踪问题，介绍一种基于学生 t 分布的 CBMeMBer 滤波算法。首先将过程噪声和量测噪声建模为学生 t

分布，并利用学生 t 分布的重尾特性匹配具有野值的过程噪声和量测噪声，然后推导出基于学生 t 分布的 CBMeMBer 滤波的闭合解，较好地处理了过程噪声和量测噪声野值下的多目标跟踪问题。

7.2 基于学生 t 分布的单目标滤波

本节首先介绍学生 t 分布及其数学特性，随后将其应用于标准卡尔曼滤波，给出基于学生 t 分布的噪声野值自适应单目标跟踪方法。

7.2.1 学生 t 分布

为了方便后续问题的分析以及滤波的推导，我们首先给出学生 t 分布的定义及其主要性质。

假设 $V>0$，$V\in\mathbb{R}$ 服从分布 $V\sim\mathrm{Gam}\left(\frac{\upsilon}{2},\frac{\upsilon}{2}\right)$，其中 $\mathrm{Gam}(\alpha,\beta)$ 表示形状参数为 α、尺度参数为 β 的伽马分布。令随机变量 $\boldsymbol{z}\in\mathbb{R}^d$ 服从均值为 0、方差为 Σ 的高斯分布 $N(0,\Sigma)$，则

$$\boldsymbol{x}=\mu+\frac{1}{\sqrt{V}}\boldsymbol{z} \tag{7-1}$$

服从均值为 μ、尺度均值为 Σ、自由度为 υ 的多维学生 t 分布 $\mathrm{St}(\boldsymbol{x};\mu,\Sigma,\upsilon)$，其概率密度函数可以表示为

$$p(\boldsymbol{x})=\frac{\Gamma\left(\frac{\upsilon+2}{2}\right)}{\Gamma\left(\frac{\upsilon}{2}\right)}\frac{1}{(\upsilon\pi)^{d/2}}\frac{1}{\sqrt{\det(\Sigma)}}\left(1+\frac{\Delta^2}{\upsilon}\right)^{-\frac{\upsilon+2}{2}} \tag{7-2}$$

其中，$\Gamma(\cdot)$为伽马函数。为了方便，本章将式(7-2)简写为 $\mathrm{St}(x;\mu,\Sigma,\upsilon)$。

学生 t 分布可以被看作一种广义的高斯分布，当其自由度趋于正无穷时，学生 t 分布将退化为高斯分布。与高斯分布类似，学生 t 分布也具有一些良好的性质[199]，这些性质有助于推导本节所介绍的滤波器。

下面简要阐述学生 t 分布的三个重要性质。

(1) 仿射变换。与高斯分布类似，对于随机变量 $\boldsymbol{x}\sim\mathrm{St}(x;\mu,\Sigma,\upsilon)$，其仿射变换 $\boldsymbol{y}=\boldsymbol{A}\boldsymbol{x}+\boldsymbol{b}$ 的概率密度函数可以表示为

$$p(\boldsymbol{y})=\mathrm{St}(\boldsymbol{y};\boldsymbol{A}\mu+\boldsymbol{b},\boldsymbol{A}\Sigma\boldsymbol{A}^{\mathrm{T}},\upsilon) \tag{7-3}$$

(2) 边缘概率密度。假设随机变量 $\boldsymbol{x}_1\in\mathbb{R}^{d_1}$ 和 $\boldsymbol{x}_2\in\mathbb{R}^{d_2}$ 服从联合学生 t 分布

$$p(\boldsymbol{x}_1, \boldsymbol{x}_2)=\mathrm{St}\left(\begin{bmatrix}\boldsymbol{x}_1\\ \boldsymbol{x}_2\end{bmatrix};\begin{bmatrix}\mu_1\\ \mu_2\end{bmatrix}, \begin{bmatrix}\Sigma_{11} & \Sigma_{12}\\ \Sigma_{21} & \Sigma_{22}\end{bmatrix}, \upsilon\right) \tag{7-4}$$

则 $\boldsymbol{x}_1$ 的边缘概率密度函数为

$$p(\boldsymbol{x}_1)=\mathrm{St}(\boldsymbol{x}_1;\mu_1, \Sigma_{11}, \upsilon) \tag{7-5}$$

该性质可以通过对式进行仿射变换得到，即左乘矩阵 $\boldsymbol{A}=[\boldsymbol{I} \quad \boldsymbol{0}]$，其中 $\boldsymbol{I}$ 为合适维数的单位矩阵。

(3) 条件概率密度。假设 $\boldsymbol{x}_1$ 和 $\boldsymbol{x}_2$ 服从概率密度函数为式的联合学生 t 分布，且 $\boldsymbol{x}_2$ 服从概率密度函数为 $p(\boldsymbol{x}_2)=\mathrm{St}(\boldsymbol{x}_2;\mu_2, \Sigma_{22}, \upsilon)$的学生 t 分布，则 $\boldsymbol{x}_1$ 关于 $\boldsymbol{x}_2$ 的条件概率密度函数为

$$p(\boldsymbol{x}_1|\boldsymbol{x}_2)=\frac{p(\boldsymbol{x}_1, \boldsymbol{x}_2)}{p(\boldsymbol{x}_2)}=\mathrm{St}(\boldsymbol{x}_1; \mu_{1|2}, \Sigma_{1|2}, \upsilon_{1|2}) \tag{7-6}$$

其中

$$\upsilon_{1|2}=\upsilon+d_2 \tag{7-7}$$

$$\mu_{1|2}=\mu_1+\Sigma_{12}\Sigma_{22}^{-1}(\boldsymbol{x}_2-\mu_2) \tag{7-8}$$

$$\Sigma_{1|2}=\frac{\upsilon+(\boldsymbol{x}_2-\mu_2)^{\mathrm{T}}\Sigma_{22}^{-1}(\boldsymbol{x}_2-\mu_2)}{\upsilon+d_2}(\Sigma_{11}-\Sigma_{12}\Sigma_{22}^{-1}\Sigma_{12}^{\mathrm{T}}) \tag{7-9}$$

上述三个性质的具体证明可以参考文献[199]、[204]。

7.2.2　学生 t 分布卡尔曼滤波

根据以上性质，文献[199]给出了基于学生 t 分布的单目标卡尔曼滤波算法。下面简要介绍该方法。

假设系统的状态转移方程和量测方程是线性的，即

$$\boldsymbol{x}_k=\boldsymbol{F}_k\boldsymbol{x}_{k-1}+\boldsymbol{w}_k \tag{7-10}$$

$$\boldsymbol{z}_k=\boldsymbol{H}_k\boldsymbol{x}_k+\boldsymbol{v}_k \tag{7-11}$$

其中，$\boldsymbol{x}_k\in\mathbb{R}^{d_x}$ 表示 k 时刻 d_x 维目标状态，$\boldsymbol{F}_k$ 为状态转移矩阵，$\boldsymbol{z}_k\in\mathbb{R}^{d_z}$ 表示状态向量 $\boldsymbol{x}_k$ 根据量测矩阵 $\boldsymbol{H}_k$ 产生的量测值，d_z 表示量测向量的维数，$\boldsymbol{w}_k$ 和 $\boldsymbol{v}_k$ 分别表示过程噪声和量测噪声，并假设状态和噪声均服从学生 t 分布。

为了提出基于学生 t 分布卡尔曼滤波，首先给出以下两个假设：

A.1　$k-1$ 时刻目标状态 $\boldsymbol{x}_{k-1}$ 和过程噪声 $\boldsymbol{w}_{k-1}$ 的联合概率密度函数 $p(\boldsymbol{x}_{k-1}, \boldsymbol{w}_{k-1}|\boldsymbol{z}_{1:k-1})$服从如下联合学生 t 分布：

$$p(\boldsymbol{x}_{k-1}, \boldsymbol{w}_{k-1}|\boldsymbol{z}_{1:k-1})=\mathrm{St}\left(\begin{bmatrix}\boldsymbol{x}_{k-1}\\ \boldsymbol{w}_{k-1}\end{bmatrix};\begin{bmatrix}\hat{\boldsymbol{x}}_{k-1|k-1}\\ \boldsymbol{0}\end{bmatrix}, \begin{bmatrix}\boldsymbol{P}_{k-1|k-1} & \boldsymbol{0}\\ \boldsymbol{0} & \boldsymbol{Q}_{k-1}\end{bmatrix}, \upsilon_{1,k-1}\right) \tag{7-12}$$

其中，$\hat{\boldsymbol{x}}_{k-1|k-1}$ 为目标状态的均值，$\boldsymbol{P}_{k-1|k-1}$ 和 $\boldsymbol{Q}_{k-1}$ 分别为目标状态和过程噪声的尺度矩阵，υ_{k-1} 为联合学生 t 分布的自由度，$\boldsymbol{z}_{1:k-1}$ 为到 $k-1$ 时刻的所有量测集合。

A.2 k 时刻各单目标预测状态与量测噪声的联合概率密度函数 $p(\boldsymbol{x}_k, \boldsymbol{v}_k|\boldsymbol{z}_{1:k-1})$ 服从如下联合学生 t 分布：

$$p(\boldsymbol{x}_k, \boldsymbol{v}_k|\boldsymbol{z}_{1:k-1})=\mathrm{St}\left(\begin{bmatrix}\boldsymbol{x}_k\\ \boldsymbol{v}_k\end{bmatrix}; \begin{bmatrix}\hat{\boldsymbol{x}}_{k|k-1}\\ \boldsymbol{0}\end{bmatrix}, \begin{bmatrix}\boldsymbol{P}_{k|k-1} & \boldsymbol{0}\\ \boldsymbol{0} & \boldsymbol{R}_k\end{bmatrix}, \upsilon_{2,k}\right) \tag{7-13}$$

其中，$\boldsymbol{R}_k$ 为量测噪声尺度矩阵。

1. 学生 t 分布卡尔曼预测

根据假设 A.1，则 k 时刻单目标预测概率密度为学生 t 分布：

$$p(\boldsymbol{x}_{k|k-1})=\mathrm{St}(\boldsymbol{x}; \hat{\boldsymbol{x}}_{k|k-1}, \boldsymbol{P}_{k|k-1}, \upsilon_{1,k-1}) \tag{7-14}$$

其中，目标预测均值和尺度矩阵分别为

$$\hat{\boldsymbol{x}}_{k|k-1}=\boldsymbol{F}_k\hat{\boldsymbol{x}}_{k-1|k-1} \tag{7-15}$$

$$\boldsymbol{P}_{k|k-1}=\boldsymbol{Q}_{k-1}+\boldsymbol{F}_k\boldsymbol{P}_{k-1|k-1}\boldsymbol{F}_k^{\mathrm{T}} \tag{7-16}$$

2. 学生 t 分布卡尔曼更新

根据假设 A.2 和学生 t 分布仿射变换性质，可以得到 k 时刻状态和量测的联合密度为

$$p(\boldsymbol{x}_k, \boldsymbol{z}_k|\boldsymbol{z}_{1:k-1})=\mathrm{St}\left(\begin{bmatrix}\boldsymbol{x}_k\\ \boldsymbol{z}_k\end{bmatrix}; \begin{bmatrix}\hat{\boldsymbol{x}}_{k|k-1}\\ \boldsymbol{H}_k\hat{\boldsymbol{x}}_{k|k-1}\end{bmatrix}, \begin{bmatrix}\boldsymbol{P}_{k|k-1} & \boldsymbol{P}_{k|k-1}\boldsymbol{H}_k^{\mathrm{T}}\\ \boldsymbol{H}_k\boldsymbol{P}_{k|k-1} & \boldsymbol{S}_k\end{bmatrix}, \upsilon_{2,k-1}\right) \tag{7-17}$$

其中，$\boldsymbol{S}_k=\boldsymbol{H}_k\boldsymbol{P}_k\boldsymbol{H}_k^{\mathrm{T}}+\boldsymbol{R}_k$。

根据学生 t 分布的边缘概率密度性质式可知

$$p(\boldsymbol{z}_k|\boldsymbol{z}_{1:k-1})=\mathrm{St}(\boldsymbol{z}_k; \boldsymbol{H}_k\hat{\boldsymbol{x}}_{k|k-1}, \boldsymbol{S}_k, \upsilon_{2,k}) \tag{7-18}$$

根据贝叶斯公式

$$p(\boldsymbol{x}_k|\boldsymbol{z}_{1:k})=\frac{p(\boldsymbol{x}_k, \boldsymbol{z}_k|\boldsymbol{z}_{1:k-1})}{p(\boldsymbol{z}_k|\boldsymbol{z}_{1:k-1})} \tag{7-19}$$

和学生 t 分布的条件概率密度性质（式(7-6)），得到 k 时刻目标状态的后验概率密度为

$$p(\boldsymbol{x}_{k|k})=\mathrm{St}(\boldsymbol{x}; \hat{\boldsymbol{x}}_{k|k}, \boldsymbol{P}_{k|k}, \upsilon_{2,k}) \tag{7-20}$$

学生 t 分布各参数更新如下：

$$\hat{\boldsymbol{x}}_{k|k}=\hat{\boldsymbol{x}}_{k|k-1}+\boldsymbol{K}_k(\boldsymbol{z}_k-\boldsymbol{H}_k\hat{\boldsymbol{x}}_{k|k-1}) \tag{7-21}$$

$$\boldsymbol{P}_{k|k}=\frac{\upsilon_{2,k-1}+(\Delta_z)^2}{\upsilon_{2,k}^{(j)}}[\boldsymbol{I}-\boldsymbol{K}_k\boldsymbol{H}_k]\boldsymbol{P}_{k|k-1} \tag{7-22}$$

$$\boldsymbol{K}_k=\boldsymbol{P}_{k|k-1}\boldsymbol{H}_k^{\mathrm{T}}(\boldsymbol{S}_k)^{-1} \tag{7-23}$$

$$\upsilon_{2,k}=\upsilon_{2,k-1}+d_z \tag{7-24}$$

7.3　基于学生 t 分布的势均衡多目标多伯努利滤波

本节将介绍一种学生 t 分布混合 CBMeMBer(Student t Mixture CBMeMBer, STM-CBMeMBer)滤波来处理重尾过程噪声和量测噪声下的多目标跟踪问题。

7.3.1　模型假设

相比于传统 GM-CBMeMBer 滤波的线性高斯假设，本章介绍的 STM-CBMeMBer 滤波假设过程噪声和量测噪声服从学生 t 分布，即

$$p(\boldsymbol{w}_k)=\mathrm{St}(\boldsymbol{w}_k;\ \boldsymbol{0},\ \boldsymbol{Q}_k,\ \upsilon_1) \tag{7-25}$$

$$p(\boldsymbol{v}_k)=\mathrm{St}(\boldsymbol{v}_k;\ \boldsymbol{0},\ \boldsymbol{R}_k,\ \upsilon_2) \tag{7-26}$$

其中，$\boldsymbol{w}_k$ 和 $\boldsymbol{v}_k$ 分别表示过程噪声和量测噪声，其尺度矩阵分别为 $\boldsymbol{Q}_k$ 和 $\boldsymbol{R}_k$，自由度分别为 υ_1 和 υ_2。

学生 t 分布相较于高斯分布具有明显的重尾特性，如图 7.1 所示。

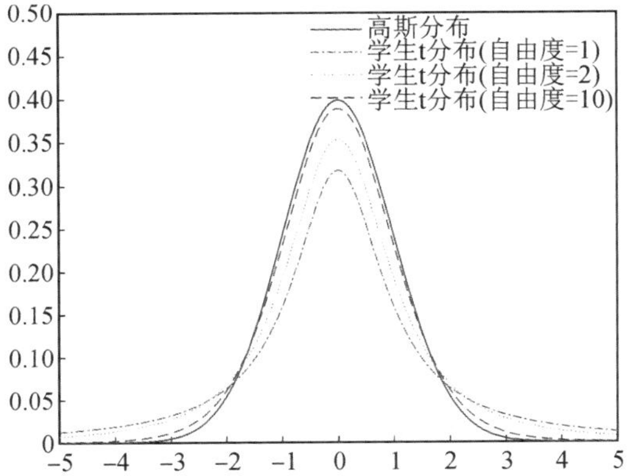

图 7.1　学生 t 分布与高斯分布的概率密度

随着随机变量远离均值，高斯分布的概率密度会迅速下降趋近于 0，而学生 t 分布的概率密度函数由于其重尾特性会缓慢下降。因此，学生 t 分布更适合对含有野值的过程噪声和量测噪声进行建模。

与 GM-CBMeMBer 滤波的推导相似，为了得到基于学生 t 分布混合 CBMeMBer 滤波的解析解，本节在假设 A.1 和 A.2 的基础上给出一些必要的假设和两条引理。

A.3 每个目标独立进行状态转移和产生量测值。

A.4 每个目标的状态转移函数和量测似然均服从线性学生 t 分布模型，即

$$f_{k|k-1}(\boldsymbol{x}|\boldsymbol{\xi})=\mathrm{St}(\boldsymbol{x};\boldsymbol{F}_{k-1}\boldsymbol{\xi},\boldsymbol{Q}_{k-1},\upsilon_1) \tag{7-27}$$

$$g_k(\boldsymbol{z}|\boldsymbol{x})=\mathrm{St}(\boldsymbol{z};\boldsymbol{H}_k\boldsymbol{x},\boldsymbol{R}_k,\upsilon_2) \tag{7-28}$$

其中，$f_{k|k-1}(\boldsymbol{x}|\boldsymbol{\xi})$和 $g_k(\boldsymbol{z}|\boldsymbol{x})$分布表示转移概率密度和量测似然概率，$\boldsymbol{F}_{k-1}$ 和 $\boldsymbol{H}_k$ 分别为单目标状态转移矩阵和量测矩阵。

A.5 目标的存在概率和检测概率均是状态独立的，即

$$p_{S,k}(\boldsymbol{x})=p_S \tag{7-29}$$

$$p_{D,k}(\boldsymbol{x})=p_D \tag{7-30}$$

A.6 新生目标密度能够表示为一个多伯努利分布$\{(r_{\Gamma,k}^{(i)},p_{\Gamma,k}^{(i)})\}_{i=1}^{M_{\Gamma,k}}$，其中，多伯努利参数 $r_{\Gamma,k}^{(i)}$ 和 $p_{\Gamma,k}^{(i)}$ 分别表示存在概率和概率密度，并假设 $p_{\Gamma,k}^{(i)}$ 可以表示为学生 t 分布混合形式：

$$p_{\Gamma,k}^{(i)}(\boldsymbol{x})=\sum_{j=1}^{J_{\Gamma,k}^{(i)}}w_{\Gamma,k}^{(i,j)}\mathrm{St}(\boldsymbol{x};\boldsymbol{m}_{\Gamma,k}^{(i,j)},\boldsymbol{P}_{\Gamma,k}^{(i,j)},\upsilon_{\Gamma,k}^{(i,j)}) \tag{7-31}$$

其中，$w_{\Gamma,k}^{(i,j)}$、$\boldsymbol{m}_{\Gamma,k}^{(i,j)}$、$\boldsymbol{P}_{\Gamma,k}^{(i,j)}$ 和$\upsilon_{\Gamma,k}^{(i,j)}$ 分别表示各学生 t 分量的权值、均值、尺度矩阵和自由度。

引理 1 给定 A.1，且假设 $\boldsymbol{P}$ 和 $\boldsymbol{Q}$ 为正定矩阵，则下式成立：

$$\int\mathrm{St}(\boldsymbol{x};\boldsymbol{F\xi},\boldsymbol{Q},\upsilon_1)\mathrm{St}(\boldsymbol{\xi};\boldsymbol{m},\boldsymbol{P},\upsilon_3)\mathrm{d}\boldsymbol{\xi}=\mathrm{St}(\boldsymbol{x};\boldsymbol{Fm},\boldsymbol{FPF}^{\mathrm{T}}+\boldsymbol{Q},\upsilon_3) \tag{7-32}$$

引理 2 给定 A.2，且假设 $\boldsymbol{P}$ 和 $\boldsymbol{R}$ 为正定矩阵，则下式成立：

$$\mathrm{St}(\boldsymbol{z};\boldsymbol{Hx},\boldsymbol{R},\upsilon_2)\mathrm{St}(\boldsymbol{x};\boldsymbol{m},\boldsymbol{P},\upsilon_3)=q(\boldsymbol{z})\mathrm{St}(\boldsymbol{x};\tilde{\boldsymbol{m}},\tilde{\boldsymbol{P}},\tilde{\upsilon}_3) \tag{7-33}$$

其中

$$q(\boldsymbol{z})=\mathrm{St}(\boldsymbol{z};\boldsymbol{Hm},\boldsymbol{S},\upsilon_3) \tag{7-34}$$

$$\boldsymbol{S}=\boldsymbol{R}+\boldsymbol{HPH}^{\mathrm{T}} \tag{7-35}$$

$$\tilde{\boldsymbol{m}}=\boldsymbol{m}+\boldsymbol{PH}^{\mathrm{T}}\boldsymbol{S}^{-1}(\boldsymbol{z}-\boldsymbol{Hm}) \tag{7-36}$$

$$\tilde{\boldsymbol{P}}=\frac{\upsilon_3+\Delta_z^2}{\tilde{\upsilon}_3}(\boldsymbol{P}-\boldsymbol{PH}^{\mathrm{T}}\boldsymbol{S}^{-1}\boldsymbol{HP}) \tag{7-37}$$

$$\tilde{\upsilon}_3=\upsilon_3+d_z \tag{7-38}$$

$$\Delta_z^2=(\boldsymbol{z}-\boldsymbol{Hm})^{\mathrm{T}}\boldsymbol{S}^{-1}(\boldsymbol{z}-\boldsymbol{Hm}) \tag{7-39}$$

上述两条引理可以根据学生 t 分布的性质证明，具体步骤可以参考文献[199]、[205]。

下面，我们将详细推导本章所要介绍的 STM-CBMeMBer 滤波算法。

7.3.2 学生 t 分布混合势均衡多伯努利滤波方法

STM-CBMeMBer 滤波可分为预测、更新、状态提取和矩匹配四个步骤。

1. STM-CBMeMBer 预测

给定 A.3～A.6，假设 $k-1$ 时刻后验多目标概率密度可以表示为多伯努利 RFS 形式：

$$\pi_{k-1}=\{(r_{k-1}^{(i)},\ p_{k-1}^{(i)})\}_{i=1}^{M_{k-1}} \tag{7-40}$$

且多伯努利的概率密度参数表示为学生 t 分布混合形式：

$$p_{k-1}^{(i)}(\boldsymbol{x})=\sum_{j=1}^{J_{k-1}^{(i)}}w_{k-1}^{(i,j)}\mathrm{St}(\boldsymbol{x};\boldsymbol{m}_{k-1}^{(i,j)},\boldsymbol{P}_{k-1}^{(i,j)},\upsilon_{k-1}^{(i,j)}) \tag{7-41}$$

则预测多目标密度可以表示为存活目标多伯努利 RFS$\{(r_{P,k|k-1}^{(i)},\ p_{P,k|k-1}^{(i)})\}_{i=1}^{M_{k-1}}$ 和新生目标多伯努利 RFS$\{(r_{\Gamma,k}^{(i)},\ p_{\Gamma,k}^{(i)})\}_{i=1}^{M_{\Gamma,k}}$ 的并集：

$$\pi_{k|k-1}=\{(r_{P,k|k-1}^{(i)},\ p_{P,k|k-1}^{(i)})\}_{i=1}^{M_{k-1}}\cup\{(r_{\Gamma,k}^{(i)},\ p_{\Gamma,k}^{(i)})\}_{i=1}^{M_{\Gamma,k}} \tag{7-42}$$

且存活目标多伯努利 RFS 参数计算如下：

$$r_{P,k|k-1}^{(i)}=r_{k-1}^{(i)}p_S \tag{7-43}$$

$$p_{P,k|k-1}^{(i)}(\boldsymbol{x})=\sum_{j=1}^{J_{k-1}^{(i)}}w_{k-1}^{(i,j)}\mathrm{St}(\boldsymbol{x};\boldsymbol{m}_{P,k|k-1}^{(i,j)},\boldsymbol{P}_{P,k|k-1}^{(i,j)},\upsilon_{P,k|k-1}^{(i,j)}) \tag{7-44}$$

新生目标多伯努利参数 $r_{\Gamma,k}^{(i)}$ 和 $p_{\Gamma,k}^{(i)}$ 由式(7－31)给出。

下面给出式和的推导过程。

证明 根据 CBMeMBer 滤波存活目标多伯努利参数计算公式(式(2－37)和式(2－38))以及 A.5，可得存活目标多伯努利 RFS 的存在概率计算为

$$\begin{aligned}r_{P,k|k-1}^{(i)}&=r_{k-1}^{(i)}\langle p_{k-1}^{(i)},\ p_S\rangle=r_{k-1}^{(i)}\int p_{k-1}^{(i)}(\boldsymbol{x})p_S\mathrm{d}\boldsymbol{x}\\&=r_{k-1}^{(i)}p_S\int p_{k-1}^{(i)}(\boldsymbol{x})\mathrm{d}\boldsymbol{x}\\&=r_{k-1}^{(i)}p_S\end{aligned} \tag{7-45}$$

存活目标多伯努利 RFS 的概率密度参数 $p_{P,k|k-1}^{(i)}$ 计算如下：

$$
\begin{aligned}
p_{P,k|k-1}^{(i)}(\boldsymbol{x}) &= \frac{\langle f_{k|k-1}(\boldsymbol{x}\mid\cdot),\ p_{k-1}^{(i)}p_S\rangle}{\langle p_{k-1}^{(i)},\ p_S\rangle} \\
&= \frac{p_S\left\langle f_{k|k-1}(\boldsymbol{x}\mid\cdot),\ \sum_{j=1}^{J_{k-1}^{(i)}} w_{k-1}^{(i,j)}\mathrm{St}(\boldsymbol{\xi};\ \boldsymbol{m}_{k-1}^{(i,j)},\ \boldsymbol{P}_{k-1}^{(i,j)},\ \upsilon_{k-1}^{(i,j)})\right\rangle}{p_S} \\
&= \left\langle f_{k|k-1}(\boldsymbol{x}\mid\cdot),\ \sum_{j=1}^{J_{k-1}^{(i)}} w_{k-1}^{(i,j)}\mathrm{St}(\boldsymbol{\xi};\ \boldsymbol{m}_{k-1}^{(i,j)},\ \boldsymbol{P}_{k-1}^{(i,j)},\ \upsilon_{k-1}^{(i,j)})\right\rangle \\
&= \int \mathrm{St}(\boldsymbol{x};\ \boldsymbol{F}_{k-1}\boldsymbol{\xi},\ \boldsymbol{Q}_{k-1},\ \upsilon_1)\sum_{j=1}^{J_{k-1}^{(i)}} w_{k-1}^{(i,j)}\mathrm{St}(\boldsymbol{\xi};\ \boldsymbol{m}_{k-1}^{(i,j)},\ \boldsymbol{P}_{k-1}^{(i,j)},\ \upsilon_{k-1}^{(i,j)})\mathrm{d}\boldsymbol{\xi}
\end{aligned}
\tag{7-46}
$$

根据引理 1，式(7－46)可以进一步表示为

$$
\begin{aligned}
p_{P,k|k-1}^{(i)}(\boldsymbol{x}) &= \int \mathrm{St}(\boldsymbol{x};\ \boldsymbol{F}_{k-1}\boldsymbol{\xi},\boldsymbol{Q}_{k-1},\upsilon_1)\sum_{j=1}^{J_{k-1}^{(i)}} w_{k-1}^{(i,j)}\mathrm{St}(\boldsymbol{\xi};\ \boldsymbol{m}_{k-1}^{(i,j)},\boldsymbol{P}_{k-1}^{(i,j)},\upsilon_{k-1}^{(i,j)})\mathrm{d}\boldsymbol{\xi} \\
&= \sum_{j=1}^{J_{k-1}^{(i)}} w_{k-1}^{(i,j)}\mathrm{St}(\boldsymbol{x};\ \boldsymbol{m}_{P,k|k-1}^{(i,j)},\ \boldsymbol{P}_{P,k|k-1}^{(i,j)},\ \upsilon_{P,k|k-1}^{(i,j)})
\end{aligned}
\tag{7-47}
$$

其中

$$\upsilon_{P,k|k-1}^{(i,j)} = \upsilon_{k-1}^{(i,j)} \tag{7-48}$$

$$\boldsymbol{m}_{P,k|k-1}^{(i,j)} = \boldsymbol{F}_{k-1}\boldsymbol{m}_{k-1}^{(i,j)} \tag{7-49}$$

$$\boldsymbol{P}_{P,k|k-1}^{(i,j)} = \boldsymbol{F}_{k-1}\boldsymbol{P}_{k-1}^{(i,j)}\boldsymbol{F}_{k-1}^{\mathrm{T}} + \boldsymbol{Q}_{k-1} \tag{7-50}$$

证明完毕。

2. STM-CBMeMBer 更新

假设 k 时刻预测多目标密度表示为如下多伯努利 RFS：

$$\pi_{k|k-1} = \{(r_{k|k-1}^{(i)},\ p_{k|k-1}^{(i)})\}_{i=1}^{M_{k|k-1}} \tag{7-51}$$

且假设多伯努利 RFS 中的每个概率密度参数表示为学生 t 分布混合形式，即

$$p_{k|k-1}^{(i)}(\boldsymbol{x}) = \sum_{j=1}^{J_{k|k-1}^{(i)}} w_{k|k-1}^{(i,j)}\mathrm{St}(\boldsymbol{x};\ \boldsymbol{m}_{k|k-1}^{(i,j)},\ \boldsymbol{P}_{k|k-1}^{(i,j)},\ \upsilon_{k|k-1}^{(i,j)}) \tag{7-52}$$

则后验多目标密度可以近似为漏检目标多伯努利 RFS$\{(r_{L,k}^{(i)},\ p_{L,k}^{(i)})\}_{i=1}^{M_{k|k-1}}$ 和被检测目标多伯努利 RFS$\{(r_{U,k}^{*}(\boldsymbol{z}),\ p_{U,k}^{*}(\boldsymbol{x};\ \boldsymbol{z})\}_{\boldsymbol{z}\in \boldsymbol{Z}_k}$ 的并集：

$$\pi_k \approx \{(r_{L,k}^{(i)},\ p_{L,k}^{(i)})\}_{i=1}^{M_{k|k-1}} \cup \{(r_{U,k}^{*}(\boldsymbol{z}),\ p_{U,k}^{*}(\boldsymbol{x};\ \boldsymbol{z}))\}_{\boldsymbol{z}\in \boldsymbol{Z}_k} \tag{7-53}$$

漏检目标的多伯努利 RFS 的参数计算如下：

$$r_{L,k}^{(i)}=r_{k|k-1}^{(i)}\frac{1-p_D}{1-r_{k|k-1}^{(i)}p_D} \tag{7-54}$$

$$p_{L,k}^{(i)}(\boldsymbol{x})=p_{k|k-1}^{(i)}(\boldsymbol{x}) \tag{7-55}$$

被检测目标的多伯努利参数计算如下：

$$r_{U,k}^{*}(\boldsymbol{z})=\frac{\displaystyle\sum_{i=1}^{M_{k|k-1}}\frac{r_{k|k-1}^{(i)}(1-r_{k|k-1}^{(i)})\rho_{U,k}^{(i)}(\boldsymbol{z})}{(1-r_{k|k-1}^{(i)}p_D)^2}}{\displaystyle\kappa_k(\boldsymbol{z})+\sum_{i=1}^{M_{k|k-1}}\frac{r_{k|k-1}^{(i)}\rho_{U,k}^{(i)}(\boldsymbol{z})}{1-r_{k|k-1}^{(i)}p_D}} \tag{7-56}$$

$$p_{U,k}^{*}(\boldsymbol{x};\boldsymbol{z})=\frac{\displaystyle\sum_{i=1}^{M_{k|k-1}}\sum_{j=1}^{J_{k|k-1}^{(i)}}w_{U,k}^{(i,j)}(\boldsymbol{z})\mathrm{St}(\boldsymbol{x};\boldsymbol{m}_{U,k}^{(i,j)},\boldsymbol{P}_{U,k}^{(i,j)},\upsilon_{U,k}^{(i,j)})}{\displaystyle\sum_{i=1}^{M_{k|k-1}}\sum_{j=1}^{J_{k|k-1}^{(i)}}w_{U,k}^{(i,j)}(\boldsymbol{z})} \tag{7-57}$$

下面给出式(7-54)～(7-57)的具体推导以及式中各量的计算公式。

证明　根据 CBMeMBer 更新公式，即式(2-41)、式(2-42)以及假设 A.5，漏检目标多伯努利的存在概率计算如下：

$$\begin{aligned}r_{L,k}^{(i)}&=r_{k|k-1}^{(i)}\frac{1-\langle p_{k|k-1}^{(i)},p_D\rangle}{1-r_{k|k-1}^{(i)}\langle p_{k|k-1}^{(i)},p_D\rangle}\\&=r_{k|k-1}^{(i)}\frac{1-\int p_{k|k-1}^{(i)}p_D\,\mathrm{d}\boldsymbol{x}}{1-r_{k|k-1}^{(i)}\int p_{k|k-1}^{(i)}p_D\,\mathrm{d}\boldsymbol{x}}\\&=r_{k|k-1}^{(i)}\frac{1-p_D\int p_{k|k-1}^{(i)}\,\mathrm{d}\boldsymbol{x}}{1-r_{k|k-1}^{(i)}p_D\int p_{k|k-1}^{(i)}\,\mathrm{d}\boldsymbol{x}}=r_{k|k-1}^{(i)}\frac{1-p_D}{1-r_{k|k-1}^{(i)}p_D}\end{aligned} \tag{7-58}$$

漏检目标多伯努利的概率密度参数 $p_{L,k}^{(i)}$ 计算如下：

$$\begin{aligned}p_{L,k}^{(i)}&=p_{k|k-1}^{(i)}(\boldsymbol{x})\frac{1-p_D}{1-\langle p_{k|k-1}^{(i)},p_D\rangle}\\&=p_{k|k-1}^{(i)}(\boldsymbol{x})\frac{1-p_D}{1-\int p_{k|k-1}^{(i)}p_D\,\mathrm{d}\boldsymbol{x}}\end{aligned}$$

$$= p_{k|k-1}^{(i)}(\boldsymbol{x}) \frac{1 - p_D}{1 - p_D \int p_{k|k-1}^{(i)} \mathrm{d}\boldsymbol{x}}$$

$$= p_{k|k-1}^{(i)}(\boldsymbol{x}) \tag{7-59}$$

根据 CBMeMBer 更新公式(式(2-43)、式(2-44))以及假设 A.4 和 A.5，被检测目标的多伯努利存在概率计算如下：

$$r_{U,k}^{*}(\boldsymbol{z}) = \frac{\sum_{i=1}^{M_{k|k-1}} \frac{r_{k|k-1}^{(i)}(1 - r_{k|k-1}^{(i)})\langle p_{k|k-1}^{(i)}, g_k(\boldsymbol{z} \mid \boldsymbol{x}) p_D \rangle}{(1 - r_{k|k-1}^{(i)}\langle p_{k|k-1}^{(i)}, p_D \rangle)^2}}{\kappa_k(\boldsymbol{z}) + \sum_{i=1}^{M_{k|k-1}} \frac{r_{k|k-1}^{(i)}\langle p_{k|k-1}^{(i)}, g_k(\boldsymbol{z} \mid \boldsymbol{x}) p_D \rangle}{1 - r_{k|k-1}^{(i)}\langle p_{k|k-1}^{(i)}, p_D \rangle}}$$

$$= \frac{\sum_{i=1}^{M_{k|k-1}} \frac{r_{k|k-1}^{(i)}(1 - r_{k|k-1}^{(i)}) p_D \int p_{k|k-1}^{(i)} g_k(\boldsymbol{z} \mid \boldsymbol{x}) \mathrm{d}\boldsymbol{x}}{\left(1 - r_{k|k-1}^{(i)} p_D \int p_{k|k-1}^{(i)} \mathrm{d}\boldsymbol{x}\right)^2}}{\kappa_k(\boldsymbol{z}) + \sum_{i=1}^{M_{k|k-1}} \frac{r_{k|k-1}^{(i)} p_D \int p_{k|k-1}^{(i)} g_k(\boldsymbol{z} \mid \boldsymbol{x}) \mathrm{d}\boldsymbol{x}}{1 - r_{k|k-1}^{(i)} p_D \int p_{k|k-1}^{(i)} \mathrm{d}x}}$$

$$= \frac{\sum_{i=1}^{M_{k|k-1}} \frac{r_{k|k-1}^{(i)}(1 - r_{k|k-1}^{(i)}) p_D \int p_{k|k-1}^{(i)} g_k(\boldsymbol{z} \mid \boldsymbol{x}) \mathrm{d}\boldsymbol{x}}{(1 - r_{k|k-1}^{(i)} p_D)^2}}{\kappa_k(\boldsymbol{z}) + \sum_{i=1}^{M_{k|k-1}} \frac{r_{k|k-1}^{(i)} p_D \int p_{k|k-1}^{(i)} g_k(\boldsymbol{z} \mid \boldsymbol{x}) \mathrm{d}\boldsymbol{x}}{1 - r_{k|k-1}^{(i)} p_D}}$$

$$= \frac{\sum_{i=1}^{M_{k|k-1}} \frac{(1 - r_{k|k-1}^{(i)}) r_{k|k-1}^{(i)} p_D \int \varphi_k^{(i)}(\boldsymbol{z}) \mathrm{d}\boldsymbol{x}}{(1 - r_{k|k-1}^{(i)} p_D)^2}}{\kappa_k(\boldsymbol{z}) + \sum_{i=1}^{M_{k|k-1}} \frac{r_{k|k-1}^{(i)} p_D \int \varphi_k^{(i)}(\boldsymbol{z}) \mathrm{d}\boldsymbol{x}}{1 - r_{k|k-1}^{(i)} p_D}} \tag{7-60}$$

其中

$$\varphi_k^{(i)}(\boldsymbol{x}; \boldsymbol{z}) = \sum_{j=1}^{J_{k|k-1}^{(i)}} w_{k|k-1}^{(i,j)} \mathrm{St}(\boldsymbol{x}; \boldsymbol{m}_{k|k-1}^{(i,j)}, \boldsymbol{P}_{k|k-1}^{(i,j)}, v_{k|k-1}^{(i,j)}) \mathrm{St}(\boldsymbol{z}; \boldsymbol{H}_k\boldsymbol{x}, \boldsymbol{R}_k, v_2) \tag{7-61}$$

根据引理 1，可将式(7-60)进一步简化为

$$r_{U,k}^{*}(\boldsymbol{z})=\frac{\displaystyle\sum_{i=1}^{M_{k|k-1}}\frac{r_{k|k-1}^{(i)}(1-r_{k|k-1}^{(i)})p_D\sum_{j=1}^{J_{k|k-1}^{(i)}}w_{k|k-1}^{(i,j)}\mathrm{St}(\boldsymbol{z};\boldsymbol{H}_k\boldsymbol{m}_{k|k-1}^{(i,j)},\boldsymbol{S}_k^{(i,j)},\upsilon_{k|k-1}^{(i,j)})}{(1-r_{k|k-1}^{(i)}p_D)^2}}{\displaystyle\kappa_k(\boldsymbol{z})+\sum_{i=1}^{M_{k|k-1}}\frac{r_{k|k-1}^{(i)}p_D\sum_{j=1}^{J_{k|k-1}^{(i)}}w_{k|k-1}^{(i,j)}\mathrm{St}(\boldsymbol{z};\boldsymbol{H}_k\boldsymbol{m}_{k|k-1}^{(i,j)},\boldsymbol{S}_k^{(i,j)},\upsilon_{k|k-1}^{(i,j)})}{1-r_{k|k-1}^{(i)}p_D}}$$

(7 - 62)

令

$$q_k^{(i,j)}(\boldsymbol{z})=\mathrm{St}(\boldsymbol{z};\boldsymbol{H}_k\boldsymbol{m}_{k|k-1}^{(i,j)},\boldsymbol{S}_k^{(i,j)},\upsilon_{k|k-1}^{(i,j)})\tag{7 - 63}$$

$$\rho_{U,k}^{(i)}(\boldsymbol{z})=p_D\sum_{j=1}^{J_{k|k-1}^{(i)}}w_{k|k-1}^{(i,j)}q_k^{(i,j)}(\boldsymbol{z})\tag{7 - 64}$$

即可推得式(7 - 56)。其中

$$\boldsymbol{S}_k^{(i,j)}=\boldsymbol{H}_k\boldsymbol{P}_{k|k-1}^{(i,j)}\boldsymbol{H}_k^{\mathrm{T}}+\boldsymbol{R}_k\tag{7 - 65}$$

同样，被检测目标多伯努利的概率密度参数 $p_{U,k}^{*}(\boldsymbol{x};\boldsymbol{z})$ 计算如下：

$$\begin{aligned}p_{U,k}^{*}(\boldsymbol{x};\boldsymbol{z})&=\frac{\displaystyle\sum_{i=1}^{M_{k|k-1}}\frac{r_{k|k-1}^{(i)}}{1-r_{k|k-1}^{(i)}}p_{k|k-1}^{(i)}(\boldsymbol{x})g_k(\boldsymbol{z}\mid\boldsymbol{x})p_D}{\displaystyle\sum_{i=1}^{M_{k|k-1}}\frac{r_{k|k-1}^{(i)}}{1-r_{k|k-1}^{(i)}}\langle p_{k|k-1}^{(i)},g_k(\boldsymbol{z}\mid\boldsymbol{x})p_D\rangle}\\&=\frac{\displaystyle\sum_{i=1}^{M_{k|k-1}}\frac{r_{k|k-1}^{(i)}p_D}{1-r_{k|k-1}^{(i)}}\varphi_k^{(i)}(\boldsymbol{z})}{\displaystyle\sum_{i=1}^{M_{k|k-1}}\frac{r_{k|k-1}^{(i)}p_D}{1-r_{k|k-1}^{(i)}}\int\varphi_k^{(i)}(\boldsymbol{z})\mathrm{d}\boldsymbol{x}}\end{aligned}\tag{7 - 66}$$

根据引理 1 和引理 2，式(7 - 66)可以进一步简化为

$$p_{U,k}^{*}(\boldsymbol{x};\boldsymbol{z})=\frac{\displaystyle\sum_{i=1}^{M_{k|k-1}}\frac{r_{k|k-1}^{(i)}p_D}{1-r_{k|k-1}^{(i)}}\psi_k^{(i)}(\boldsymbol{x};\boldsymbol{z})}{\displaystyle\sum_{i=1}^{M_{k|k-1}}\frac{r_{k|k-1}^{(i)}p_D}{1-r_{k|k-1}^{(i)}}\sum_{j=1}^{J_{k|k-1}^{(i)}}w_{k|k-1}^{(i,j)}\mathrm{St}(\boldsymbol{z};\boldsymbol{H}_k\boldsymbol{m}_{k|k-1}^{(i,j)},\boldsymbol{S}_k^{(i,j)},\upsilon_{k|k-1}^{(i,j)})}$$

(7 - 67)

其中

$$\psi_k^{(i)}(\boldsymbol{x};\boldsymbol{z})=\sum_{j=1}^{J_{k|k-1}^{(i)}} w_{k|k-1}^{(i,j)}\mathrm{St}(\boldsymbol{z};\boldsymbol{H}_k\boldsymbol{m}_{k|k-1}^{(i,j)},\boldsymbol{S}_k^{(i,j)},\upsilon_{k|k-1}^{(i,j)})\cdot \mathrm{St}(\boldsymbol{x};\boldsymbol{m}_{U,k}^{(i,j)},\boldsymbol{P}_{U,k}^{(i,j)},\upsilon_{U,k}^{(i,j)}) \tag{7-68}$$

令

$$w_{U,k}^{(i,j)}(\boldsymbol{z})=\frac{r_{k|k-1}^{(i)}}{1-r_{k|k-1}^{(i)}}p_D w_{k|k-1}^{(i,j)}q_k^{(i,j)}(\boldsymbol{z}) \tag{7-69}$$

即可推得式(7-57)。其中，学生 t 分量各参数根据引理 2 计算如下：

$$\boldsymbol{m}_{U,k}^{(i,j)}=\boldsymbol{m}_{k|k-1}^{(i,j)}+\boldsymbol{K}_{U,k}^{(i,j)}(\boldsymbol{z}_k-\boldsymbol{H}_k\boldsymbol{m}_{k|k-1}^{(i,j)}) \tag{7-70}$$

$$\boldsymbol{P}_{U,k}^{(i,j)}=\frac{\upsilon_{k|k-1}^{(i,j)}+(\Delta_{z,k}^{(i,j)})^2}{\upsilon_{U,k|k-1}^{(i,j)}}[\boldsymbol{I}-\boldsymbol{K}_{U,k}^{(i,j)}\boldsymbol{H}_k]\boldsymbol{P}_{k|k-1}^{(i,j)} \tag{7-71}$$

$$\boldsymbol{K}_{U,k}^{(i,j)}=\boldsymbol{P}_{k|k-1}^{(i,j)}\boldsymbol{H}_k^{\mathrm{T}}(\boldsymbol{S}_k^{(i,j)})^{-1} \tag{7-72}$$

$$(\Delta_{z,k}^{(i,j)})^2=(\boldsymbol{z}_k-\boldsymbol{H}_k\boldsymbol{m}_{k|k-1}^{(i,j)})^{\mathrm{T}}(\boldsymbol{S}_k^{(i,j)})^{-1}(\boldsymbol{z}_k-\boldsymbol{H}_k\boldsymbol{m}_{k|k-1}^{(i,j)}) \tag{7-73}$$

$$\upsilon_{U,k|k-1}^{(i,j)}=\upsilon_{k|k-1}^{(i,j)}+d_z \tag{7-74}$$

证明完毕。

直观来看，式(7-54)～(7-57)对于多伯努利参数的计算与 GM-CBMeMBer 滤波相似。然而，由于学生 t 分布的假设，本章介绍的算法中均值 $\boldsymbol{m}_{U,k}^{(i,j)}$、尺度矩阵 $\boldsymbol{P}_{U,k}^{(i,j)}$ 和似然函数 $q_k^{(i,j)}(\boldsymbol{z})$ 的计算明显区别于 GM-CBMeMBer 滤波。值得注意的是，STM-CBMeMBer 滤波也需要修剪合并来减少计算量，具体操作与 GM-PHD 滤波[47]和 GM-CBMeMBer 滤波[55]相似。

3. STM-CBMeMBer 多目标状态提取

STM-CBMeMBer 滤波采用后验多目标的平均势 $\hat{N}_k=\sum_{i=1}^{M_{k|k}} r_k^{(i)}$ 作为目标数估计，然后选取 $\hat{N}_k$ 个存在概率最大的多伯努利项，并将各个伯努利项中权值最大的学生 t 分量的均值作为状态估计结果。

4. 矩匹配

由式(7-74)可知，学生 t 分布的自由度会随着递归的进行无限增大，导致学生 t 分布混合收敛为高斯混合；所提滤波会因此丢失了学生 t 分布的重尾特性，无法处理过程噪声和量测噪声野值。本节采用矩匹配算法[199, 205]解决该问题，即匹配学生 t 分布的一二阶矩，即

$$\boldsymbol{m}_{U,k}^{*(i,j)}=\boldsymbol{m}_{U,k}^{(i,j)} \tag{7-75}$$

$$\frac{\upsilon_{k|k-1}^{(i,j)}}{\upsilon_{k|k-1}^{(i,j)}-2}\boldsymbol{P}_{U,k}^{*(i,j)}=\frac{\upsilon_{U,k|k-1}^{(i,j)}}{\upsilon_{U,k|k-1}^{(i,j)}-2}\boldsymbol{P}_{U,k}^{(i,j)} \tag{7-76}$$

进而得到被检测目标的后验多伯努利参数表示如下：

$$p_{U,k}^{*(i)}(\boldsymbol{x})=\sum_{j=1}^{J_{U,k}^{(i)}}w_{U,k}^{(i,j)}\mathrm{St}(\boldsymbol{x};\boldsymbol{m}_{U,k}^{*(i,j)},\boldsymbol{P}_{U,k}^{*(i,j)},\upsilon_{k|k-1}^{(i,j)}) \tag{7-77}$$

其中

$$\boldsymbol{P}_{U,k}^{*(i,j)}=\frac{(\upsilon_{k|k-1}^{(i,j)}-2)\upsilon_{U,k|k-1}^{(i,j)}}{(\upsilon_{U,k|k-1}^{(i,j)}-2)\upsilon_{k|k-1}^{(i,j)}}\boldsymbol{P}_{U,k}^{(i,j)} \tag{7-78}$$

7.3.3 算法分析与扩展

对于 STM-CBMeMBer 滤波，分别从其与 GM-CBMeMBer 滤波的关系和其在非线性场景中的应用两个方面进行更为深入的研究。

1. STM-CBMeMBer 滤波与 GM-CBMeMBer 滤波的关系

GM-CBMeMBer 滤波是基于线性高斯状态空间推导得出的。当自由度趋于无穷时，学生 t 分布会收敛为高斯分布。因此，可以将 GM-CBMeMBer 滤波看作本章所介绍的 STM-CBMeMBer 滤波的一种特殊形式，具体证明如下：

当自由度趋于无穷时，预测多目标多伯努利的概率密度参数将收敛为高斯混合形式，即

$$\lim_{\upsilon_{\Gamma,k}^{(i,j)}\to+\infty}p_{\Gamma,k}^{(i)}(\boldsymbol{x})=\sum_{j=1}^{J_{\Gamma,k}^{(i)}}w_{\Gamma,k}^{(i,j)}\mathcal{N}(\boldsymbol{x};\boldsymbol{m}_{\Gamma,k}^{(i,j)},\boldsymbol{P}_{\Gamma,k}^{(i,j)}) \tag{7-79}$$

$$\lim_{\upsilon_{P,k|k-1}^{(i,j)}\to+\infty}p_{P,k|k-1}^{(i)}(\boldsymbol{x})=\sum_{j=1}^{J_{k-1}^{(i)}}w_{k-1}^{(i,j)}\mathcal{N}(\boldsymbol{x};\boldsymbol{m}_{P,k|k-1}^{(i,j)},\boldsymbol{P}_{P,k|k-1}^{(i,j)}) \tag{7-80}$$

其中，均值与协方差的计算与式(7-49)和式(7-50)相同。被检目标多伯努利 RFS 的概率密度参数将收敛为

$$p_{U,k}^{*}(\boldsymbol{x};\boldsymbol{z})=\frac{\sum_{i=1}^{M_{k|k-1}}\sum_{j=1}^{J_{k|k-1}^{(i)}}w_{U,k}^{(i,j)}(\boldsymbol{z})\mathcal{N}(\boldsymbol{x};\boldsymbol{m}_{U,k}^{(i,j)},\boldsymbol{P}_{U,k}^{(i,j)})}{\sum_{i=1}^{M_{k|k-1}}\sum_{j=1}^{J_{k|k-1}^{(i)}}w_{U,k}^{(i,j)}(\boldsymbol{z})} \tag{7-81}$$

似然函数 $q_k^{(i,j)}(\boldsymbol{z})$ 也会收敛为高斯似然，即

$$q_k^{(i,j)}(\boldsymbol{z})=\mathcal{N}(\boldsymbol{z};\boldsymbol{H}_k\boldsymbol{m}_{k|k-1}^{(i,j)},S_k^{(i,j)}) \tag{7-82}$$

当 $\upsilon_{k|k-1}^{(i,j)}\to+\infty$ 时，

$$\frac{\upsilon_{k|k-1}^{(i,j)}+(\Delta_{z,k}^{(i,j)})^2}{\upsilon_{U,k|k-1}^{(i,j)}}=\frac{\upsilon_{k|k-1}^{(i,j)}+(\Delta_{z,k}^{(i,j)})^2}{\upsilon_{k|k-1}^{(i,j)}+d_z}\to 1 \tag{7-83}$$

则

$$\lim_{\upsilon_{k|k-1}^{(i,j)}\to+\infty}\boldsymbol{P}_{U,k}^{(i,j)}=[\boldsymbol{I}-\boldsymbol{K}_{U,k}^{(i,j)}\boldsymbol{H}_k]\boldsymbol{P}_{k|k-1}^{(i,j)} \tag{7-84}$$

证明完毕。

2. 在非线性模型中的推广

考虑如下非线性状态方程和量测方程：

$$\boldsymbol{x}_k=f_k(\boldsymbol{x}_{k-1})+\boldsymbol{w}_{k-1} \tag{7-85}$$

$$\boldsymbol{z}_k=h_k(\boldsymbol{x}_k)+\boldsymbol{v}_k \tag{7-86}$$

其中，f_k 和 h_k 均为非线性函数，$\boldsymbol{w}_{k-1}$ 和 $\boldsymbol{v}_k$ 均为加性学生 t 分布噪声。

f_k 和 h_k 的非线性将导致多目标多伯努利 RFS 的概率密度参数无法近似为学生 t 分布混合形式。因此，需要采用数值近似技术将 STM-CBMeMBer 滤波推广到非线性模型中。然而，计算学生 t 分布的积分比较困难。文献[205]采用无迹变换(Unscented Transformation，UT)近似学生 t 分布积分。本小节也采用 UT 将介绍的算法扩展到非线性问题。由于扩展方法在概念上易于理解，只简要描述基本的近似方法，省略了具体的公式表示，细节可以参考文献[55]和[205]。

7.4 实验与分析

为了验证算法的有效性，将本章介绍的 STM-CBMeMBer 方法与 GM-CBMeMBer 滤波的跟踪性能进行对比。采用 OSPA 距离作为性能评价指标，OSPA 距离的参数设为 $p=1$ 和 $c=200$。为了充分验证所提算法的性能，共进行 100 次蒙特卡罗实验。

7.4.1 无野值场景

首先将 STM-CBMeMBer 滤波与 GM-CBMeMBer 滤波用于处理过程噪声和量测噪声不存在野值的多目标跟踪问题。跟踪场景如图 7.2 所示。目标观测区域为[0，2000]m×[0，2000]m。共有 12 个目标先后出现于观测区域，运动方式为匀速直线运动。

过程噪声和量测噪声分别建模为

$$\boldsymbol{w}_k \sim \mathcal{N}(\boldsymbol{0}, \sigma_w^2 \boldsymbol{I}) \tag{7-87}$$

$$\boldsymbol{v}_k \sim \mathcal{N}(\boldsymbol{0}, \sigma_v^2 \boldsymbol{I}) \tag{7-88}$$

其中，$\sigma_w = 1$ m，$\sigma_v = 2$ m。

每个目标存在概率为 $p_S = 0.99$，检测概率为 $p_D = 0.98$。杂波强度 $\kappa_k(\boldsymbol{z}) = \lambda_c / V$，其中，$\lambda_c = 5$ 表示单次扫描的平均杂波数，$V = 4 \times 10^6$ m^2 表示量测区域的“体积”。$\pi_{S\Gamma} = \{(r_{S\Gamma,k}, p_{S\Gamma,k}^{(i)})\}_{i=1}^{M_{\Gamma,k}}$ 和 $\pi_{G\Gamma} = \{(r_{G\Gamma,k}, p_{G\Gamma,k}^{(i)})\}_{i=1}^{M_{\Gamma,k}}$ 分别表示 STM-CBMeMBer 滤波与 GM-CBMeMBer 滤波的新生目标多伯努利 RFS。其参数设置为

$$r_{S\Gamma,k} = r_{G\Gamma,k} = 0.03$$

$$p_{S\Gamma,k}^{(i)}(\boldsymbol{x}) = \mathrm{St}(x; \boldsymbol{m}_{\Gamma,k}^{(i)}, \boldsymbol{P}_{\Gamma,k}, \upsilon_{\Gamma,k})$$

$$p_{G\Gamma,k}^{(i)}(\boldsymbol{x}) = \mathcal{N}(\boldsymbol{x}; \boldsymbol{m}_{\Gamma,k}^{(i)}, \boldsymbol{P}_{\Gamma,k})$$

其中

$$\boldsymbol{m}_{\Gamma,k}^{(1)} = [400, 0, -600, 0]^{\mathrm{T}}$$

$$\boldsymbol{m}_{\Gamma,k}^{(2)} = [0, 0, 0, 0]^{\mathrm{T}}$$

$$\boldsymbol{m}_{\Gamma,k}^{(3)} = [-800, 0, -200, 0]^{\mathrm{T}}$$

$$\boldsymbol{m}_{\Gamma,k}^{(4)} = [-200, 0, 800, 0]^{\mathrm{T}}$$

$$\boldsymbol{P}_{\Gamma,k} = \mathrm{diag}([10, 10, 10, 10]^{\mathrm{T}})^2$$

STM-CBMeMBer 滤波的自由度设为 $\upsilon_{\Gamma,k} = 8$，存在概率的修剪门限 $P = 10^{-3}$。同时，每条假设轨迹的修剪与合并参数分别设为 $T = 10^{-3}$ 和 $U = 4$，高斯混合和学生 t 分布混合的最大混合数目均设为 $J_{\max} = 100$。

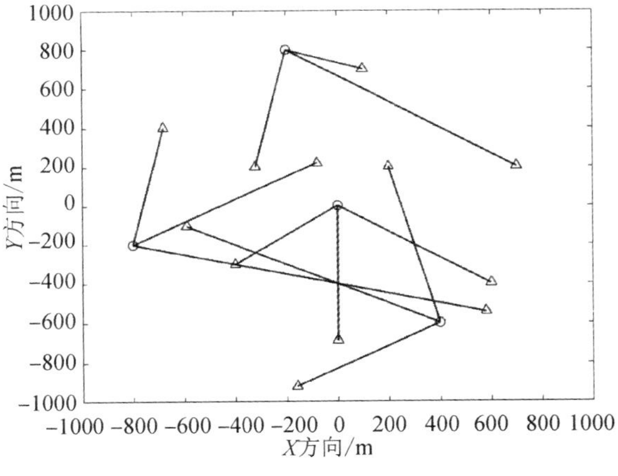

图 7.2　无野值跟踪场景

图 7.3 和图 7.4 分别给出在没有过程噪声和量测噪声野值出现的情况下，STM-CBMeMBer 滤波与 GM-CBMeMBer 滤波的目标数目估计结果和 OSPA 距离。可以看出，GM-CBMeMBer 滤波在没有野值出现的高斯线性状态空间中能够得到较好的跟踪性能，所提 STM-CBMeMBer 滤波可以获得与 GM-CBMeMBer 滤波相近的估计精度。这是由于所提 STM-CBMeMBer 滤波是 GM-CBMeMBer 滤波的广义形式。本仿真实验通过增大学生 t 分布的自由度，使 STM-CBMeMBer 滤波近似收敛至 GM-CBMeMBer 滤波，能够到达与 GM-CBMeMBer 滤波相近的滤波性能。

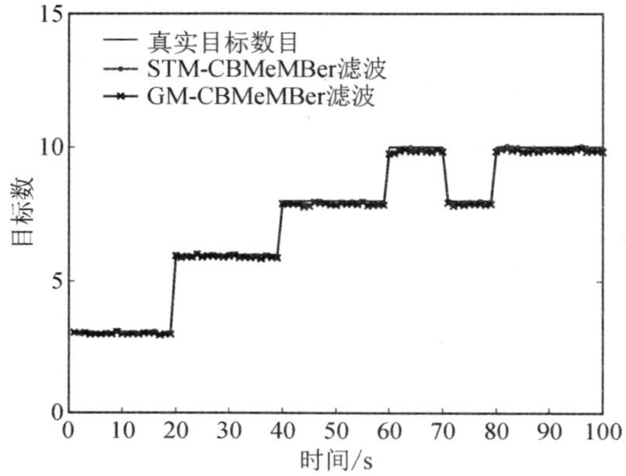

图 7.3　当过程噪声和量测噪声无野值时，STM-CBMeMBer 滤波与 GM-CBMeMBer 滤波的目标数估计结果

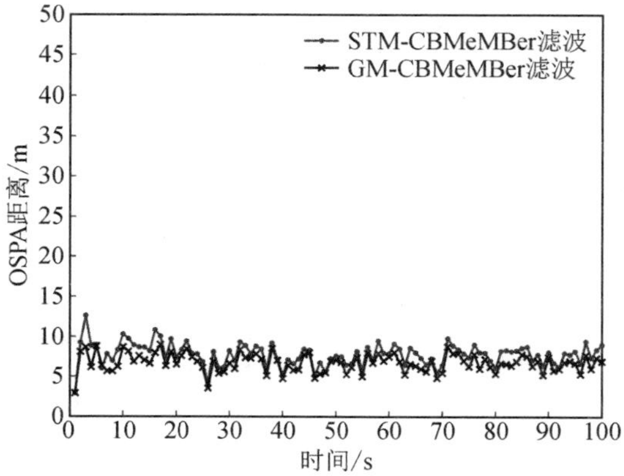

图 7.4　当过程噪声和量测噪声无野值时，STM-CBMeMBer 滤波与 GM-CBMeMBer 滤波的 OSPA 距离对比

7.4.2 重尾噪声场景

为了验证本章介绍算法在处理含有重尾过程噪声和量测噪声的多目标跟踪问题时的滤波性能，首先将含有野值的过程噪声与量测噪声分别建模为[199, 205]

$$\boldsymbol{w}_k \sim \begin{cases} \mathcal{N}(\boldsymbol{0}, \sigma_w^2 \boldsymbol{I}) & \text{w. p. } 1-p_{\mathrm{po}} \\ \mathcal{N}(\boldsymbol{0}, 25\sigma_w^2 \boldsymbol{I}) & \text{w. p. } p_{\mathrm{po}} \end{cases} \tag{7-89}$$

$$\boldsymbol{v}_k \sim \begin{cases} \mathcal{N}(\boldsymbol{0}, \sigma_v^2 \boldsymbol{I}) & \text{w. p. } 1-p_{\mathrm{mo}} \\ \mathcal{N}(0, 100\sigma_v^2 \boldsymbol{I}) & \text{w. p. } p_{\mathrm{mo}} \end{cases} \tag{7-90}$$

其中，p_{po} 和 p_{mo} 分别表示过程噪声野值和量测噪声野值出现的概率。式(7-89)和式(7-90)分别表示过程噪声和量测噪声分别以概率 $1-p_{\mathrm{po}}$ 和 $1-p_{\mathrm{mo}}$ 按照正常协方差的高斯分布产生，以概率 p_{po} 和 p_{mo} 按照较大协方差的高斯分布产生。本实验中 STM-CBMeMBer 滤波的自由度设为 $\upsilon_{\Gamma,k}=5$。

图 7.5 和图 7.6 给出了不同噪声野值概率下两种算法的目标数估计结果和 OSPA 距离。可以看出，当 $p_{\mathrm{po}}=0$，$p_{\mathrm{mo}}=0.1$ 时，即过程噪声野值概率为 0，系统中只存在量测噪声野值的情况下，GM-CBMeMBer 滤波跟踪性能由于量测噪声野值的出现明显下降。这是因为当量测噪声野值出现时，高斯分布的轻尾特性使得量测似然函数值非常小甚至趋于 0，导致目标丢失。而本章介绍的 STM-CBMeMBer 滤波算法因为学生 t 分布的重尾特性，可以得到有效的量测似然值，进而防止目标丢失。

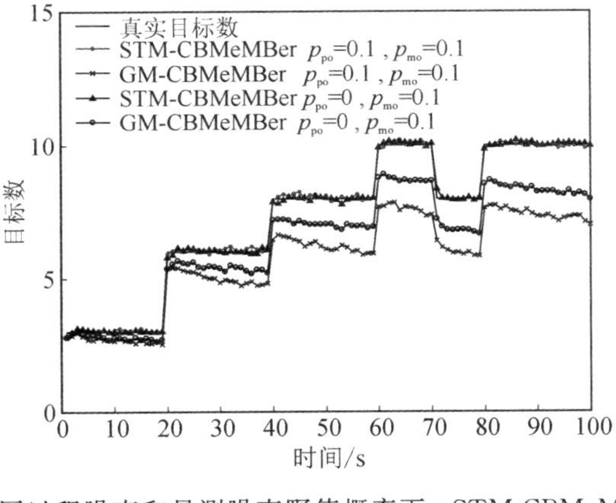

图 7.5　不同过程噪声和量测噪声野值概率下，STM-CBMeMBer 滤波和 GM-CBMeMBer 滤波的目标数估计结果

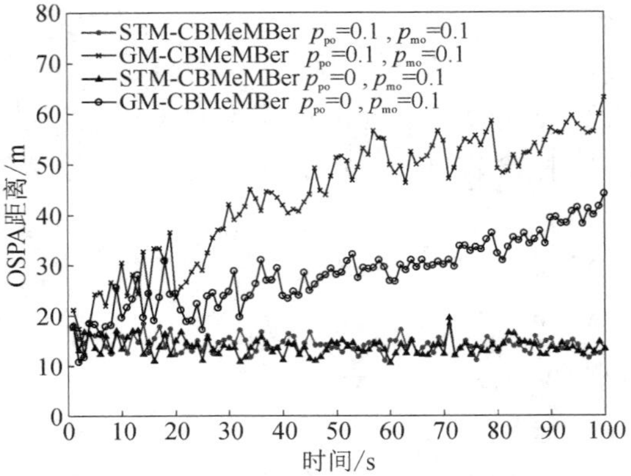

图 7.6 不同过程噪声和量测噪声野值概率下，STM-CBMeMBer 滤波和 GM-CBMeMBer 滤波的 OSPA 距离对比

由图 7.5 和图 7.6 也可以看出，量测噪声野值概率固定时，GM-CBMeMBer 滤波性能由于过程噪声野值的出现严重下降。这说明 GM-CBMeMBer 滤波对过程野值非常敏感。这是由于过程噪声野值通常会引起目标机动，GM-CBMeMBer 滤波由于高斯分布的轻尾无法捕获到目标。图 7.5 和图 7.6 显示过程噪声野值对 STM-CBMeMBer 算法性能影响较小，表明本章介绍的 STM-CBMeMBer 滤波可以处理目标存在机动时的多目标跟踪问题。

综上所述，STM-CBMeMBer 滤波方法能够有效处理过程噪声和量测噪声野值下的多目标跟踪问题。

值得注意的是，尽管噪声模型式(7－89)和式(7－90)与 7.3.1 小节所给出的学生 t 分布假设不一致，但 STM-CBMeMBer 滤波方法依然能够获得较好的跟踪性能，这表明 STM-CBMeMBer 滤波对于不确定的过程噪声和量测噪声模型具有较好的鲁棒性。

7.4.3 非线性场景

本仿真实验将对比无迹卡尔曼 STM-CBMeMBer(UK-STM-CBMeMBe)滤波与 UK-GM-CBMeMBer 滤波在非线性系统中的跟踪性能。仿真场景如图 7.7 所示。目标的运动方式为 CT 运动。其状态转移方程和量测方程与 3.4.2 小节非线性场景中相同。

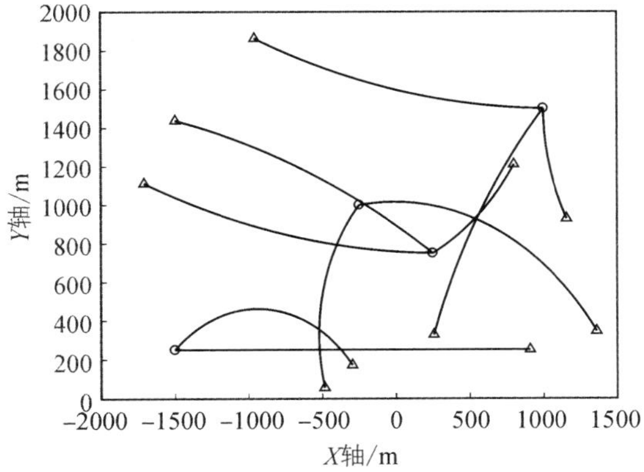

(○和△分别代表目标起始和结束位置)

图 7.7　非线性多目标运动轨迹图

与线性场景类似，将带有野值的过程噪声和量测噪声建模为

$$\boldsymbol{w}_k \sim \begin{cases} \mathcal{N}(\boldsymbol{0},\ \boldsymbol{Q}) & \text{w. p. } 1-p_{\text{po}} \\ \mathcal{N}(\boldsymbol{0},\ 25\boldsymbol{Q}) & \text{w. p. } p_{\text{po}} \end{cases} \tag{7-91}$$

$$\boldsymbol{v}_k \sim \begin{cases} \mathcal{N}(\boldsymbol{0},\ \boldsymbol{R}) & \text{w. p. } 1-p_{\text{mo}} \\ \mathcal{N}(\boldsymbol{0},\ 100\boldsymbol{R}) & \text{w. p. } p_{\text{mo}} \end{cases} \tag{7-92}$$

其中，$\boldsymbol{Q}=\text{diag}([2,\ 2,\ \pi/180]^{\text{T}})^2$，$\boldsymbol{R}=\text{diag}([\pi/180,\ 5]^{\text{T}})^2$。

杂波率 $\lambda_c=10$ 均匀分布在量测区域 $\left[-\frac{\pi}{2},\ \frac{\pi}{2}\right]\text{rad}\times[0,\ 2000]\text{m}$。$\pi_{S\Gamma}=\{(r_{S\Gamma,k},\ p_{S\Gamma,k}^{(i)})\}_{i=1}^{M_{\Gamma,k}}$ 和 $\pi_{G\Gamma}=\{(r_{G\Gamma,k},\ p_{G\Gamma,k}^{(i)})\}_{i=1}^{M_{\Gamma,k}}$ 分别表示 UK-STM-CBMeMBer 滤波与 UK-GM-CBMeMBer 滤波的新生目标多伯努利 RFS，其参数设置为

$$r_{S\Gamma,k}=r_{G\Gamma,k}=0.03$$

$$p_{S\Gamma,k}^{(i)}(\boldsymbol{x})=\text{St}(\boldsymbol{x};\ \boldsymbol{m}_{\Gamma,k}^{(i)},\ \boldsymbol{P}_{\Gamma,k},\ \upsilon_{\Gamma,k})$$

$$p_{G\Gamma,k}^{(i)}(\boldsymbol{x})=\mathcal{N}(\boldsymbol{x};\ \boldsymbol{m}_{\Gamma,k}^{(i)},\ \boldsymbol{P}_{\Gamma,k})$$

其中

$$\boldsymbol{m}_{\Gamma,k}^{(1)}=[-250,\ 0,\ 1000,\ 0,\ 0]^{\text{T}}$$

$$\boldsymbol{m}_{\Gamma,k}^{(2)}=[-1500,\ 0,\ 250,\ 0,\ 0]^{\text{T}}$$

$$\boldsymbol{m}_{\Gamma,k}^{(3)}=[1000,\ 0,\ 1500,\ 0,\ 0]^{\text{T}}$$

$$m_{\Gamma,k}^{(4)}=[250,\ 0,\ 750,\ 0,\ 0]^{\text{T}}$$

$$\boldsymbol{P}_{\Gamma,k}=\text{diag}([10,\ 10,\ 10,\ 10,\ 6(\pi/180)]^{\text{T}})^2$$

STM-CBMeMBer 滤波的自由度设为 $\upsilon_{\Gamma,k}=5$。其他参数设置与无野值场景相同。

图 7.8 和图 7.9 分别给出了 UK-STM-CBMeMBer 滤波与 UK-GM-CBMeMBer 滤波在过程噪声和量测噪声野值概率均为 0.05 时的目标数估计结果和 OSPA 距离。可以看出，UK-GM-CBMeMBer 滤波会出现目标数低估，这是由于高斯分布无法处理重尾的过程噪声和量测噪声。图 7.8 和图 7.9 表明 UK-STM-CBMeMBer 滤波的跟踪性能明显优于 UK-GM-CBMeMBer 滤波。

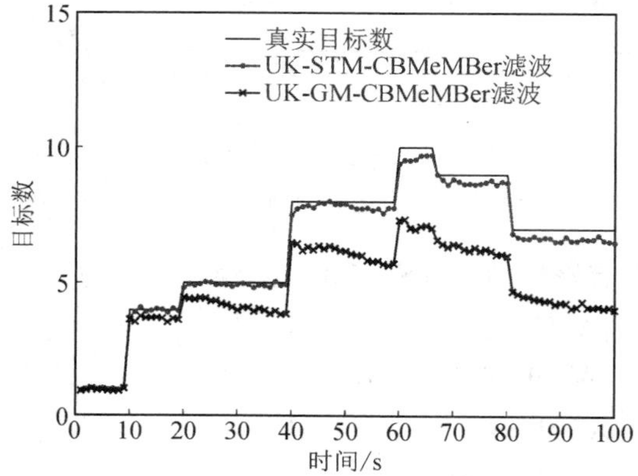

图 7-8 $p_{po}=p_{mo}=0.05$ 时，UK-STM-CBMeMBer 与 UK-GM-CBMeMBer 的目标数估计结果

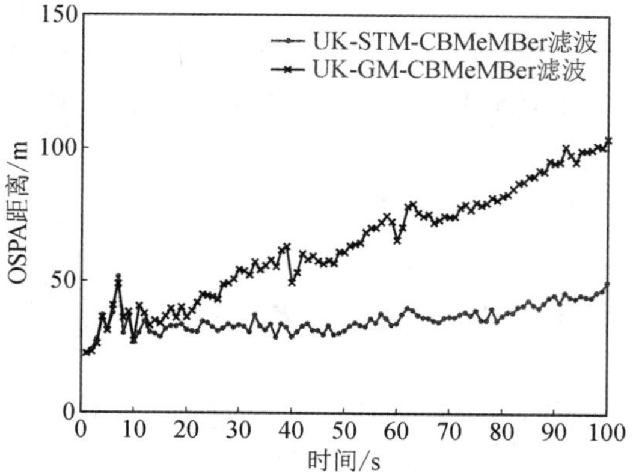

图 7-9 $p_{po}=p_{mo}=0.05$ 时，UK-STM-CBMeMBer 与 UK-GM-CBMeMBer 的 OSPA 距离对比

图 7.10 给出在给定过程噪声野值概率，不同量测噪声野值概率下 UK-

STM-CBMeMBer 滤波与 UK-GM-CBMeMBer 滤波的平均 OSPA 距离。图 7.11 给出在给定量测噪声野值概率，不同过程噪声野值概率下 UK-STM-CBMeMBer 滤波与 UK-GM-CBMeMBer 滤波的平均 OSPA 距离。可以看出，两种算法性能随着过程噪声和量测噪声野值概率的增大而降低。但是，本章介绍的 UK-STM-CBMeMBer 滤波性能总体上都优于 UK-GM-CBMeMBerr 滤波，两种滤波平均 OSPA 距离的差距随着野值概率的增大而增加。这表明针对不同概率的过程噪声和量测噪声野值，UK-STM-CBMeMBer滤波方法的跟踪性能比较稳定。

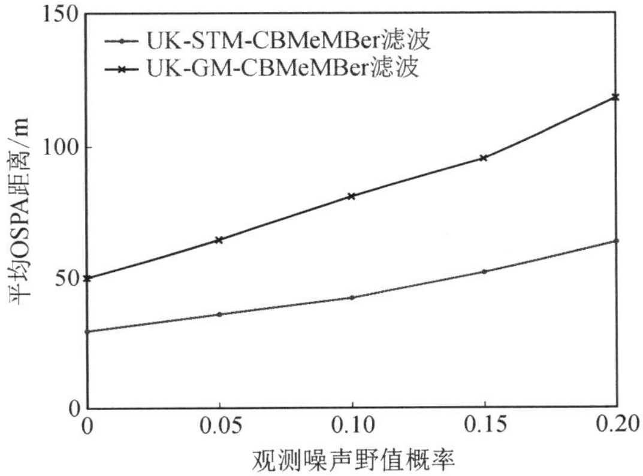

图 7－10　$p_{po}=0.05$ 时，不同量测噪声野值概率下 UK-STM-CBMeMBer 滤波与 UK-GM-CBMeMBer 滤波的平均 OSPA 距离对比

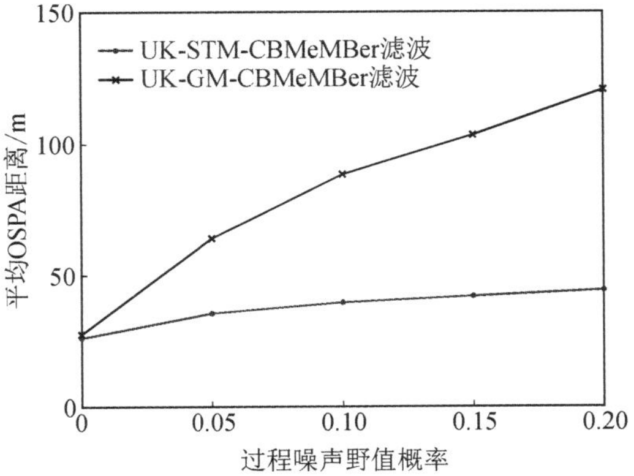

图 7－11　$p_{mo}=0.05$ 时，不同过程噪声野值概率下 UK-STM-CBMeMBer 滤波与 UK-GM-CBMeMBer 滤波的平均 OSPA 距离对比

本章小结

本章针对存在过程噪声和量测噪声野值情况下的多目标跟踪问题，介绍了一种基于学生 t 分布的 CBMeMBer 滤波算法。首先，假设过程噪声和量测噪声服从学生 t 分布，利用学生 t 分布来匹配重尾的过程和量测噪声。然后，将多目标后验概率密度近似为多伯努利 RFS 形式，并利用学生 t 分布混合近似多伯努利的概率密度参数，得到 STM-CBMeMBer 滤波方法。仿真实验表明，当系统出现过程和量测噪声野值时，本章所介绍的算法能够获得较好的多目标跟踪性能。

附录A 符号对照表

符号	符号名称
k	时刻
$\mho$	采样空间
$\boldsymbol{\mathcal{T}}$	Borel 子集
$\mathbb{P}$	概率测度
$\mathcal{F}(\cdot)$	有限子集空间
$\boldsymbol{x}_k$	k 时刻目标状态
$\boldsymbol{z}_k$	k 时刻目标量测
$\boldsymbol{X}_k$	k 时刻多目标状态集合
$\boldsymbol{Z}_k$	k 时刻多目标量测集合
$\boldsymbol{S}_{k\|k-1}(\cdot)$	k 时刻存活目标随机集
$\boldsymbol{\Gamma}_k$	k 时刻新生目标随机集
$p_{S,k}(\cdot)$	k 时刻存在概率
$f_{k\|k-1}(\cdot\|\xi)$	k 时刻状态转移函数
$\boldsymbol{K}_k$	k 时刻杂波随机集
$\boldsymbol{\Theta}_k(\cdot)$	k 时刻目标量测随机集
$g_k(\cdot\|\boldsymbol{x})$	k 时刻量测似然函数
$p_{D,k}(\cdot)$	k 时刻检测概率
$D(\cdot)$	强度函数
$\gamma(\cdot)$	新生强度函数

续表一

符号	符 号 名 称
$\kappa(\cdot)$	杂波强度
$\varphi(\cdot)$	势分布函数
$\varphi_{\Gamma}(\cdot)$	新生势分布函数
$\varphi_{\kappa}(\cdot)$	杂波势分布函数
π_k	k 时刻后验概率密度
r	伯努利项中的存在概率
p	伯努利项中的分布函数
β	新生存活标签
r_{Γ}	目标新生概率
p_{Γ}	目标新生密度
B_{Γ}	目标新生期望数
$N(\cdot;\boldsymbol{m},\boldsymbol{P})$	高斯分布
$\boldsymbol{m}$	高斯分布均值
$\boldsymbol{P}$	高斯分布协方差
$\boldsymbol{F}$	状态转移矩阵
$\boldsymbol{Q}$	过程噪声协方差矩阵
$\boldsymbol{H}$	量测矩阵
$\boldsymbol{R}$	量测噪声协方差矩阵
$q_k(\cdot\mid\boldsymbol{x}_{k-1}^{(j)},\boldsymbol{Z}_k)$	重要性密度函数
$\boldsymbol{w}_k$	k 时刻过程噪声
$\boldsymbol{v}_k$	k 时刻量测噪声
λ_c	杂波率

续表二

符号	符号名称
$p_{x,k}$，$p_{y,k}$	k 时刻笛卡尔坐标系位置
$\dot{p}_{x,k}$，$\dot{p}_{y,k}$	k 时刻笛卡尔坐标系速度
ω_k	k 时刻转弯速率
T	采样间隔
ε_k	k 时刻转弯过程噪声
σ	噪声标准差
$\hat{B}_\Gamma$	假设新生期望
$r_{\max}$	新生概率上界
$\breve{\boldsymbol{z}}$	量测空间映射
$\boldsymbol{U}$	门限
$d(\breve{\boldsymbol{z}}_i, \boldsymbol{z}_i)$	映射分量和量测分量的距离
Δ	尺度参数
u_i	门限分量
E	运动模型集
$\mu_{i,k}$	k 时刻运动模型概率
$\mu_{i\|j,k}$	k 时刻运动模型混合概率
$A_{j,k}$	k 时刻模型概率可能性函数
$\bar{h}_{\vartheta\eta}$	运动模型转移概率
$\bar{\boldsymbol{H}}$	运动模型转移矩阵
∂	状态转移参数
$\bar{\Delta}^2$	平滑系数
τ	收缩系数

续表三

符号	符 号 名 称
$\bar{\beta}$	参数改变率
$\chi^{(1)}$	真实目标状态空间
$\chi^{(0)}$	杂波伪目标状态空间
$\ddot{\chi}$	混合状态空间
$N_k^{(0)}$	k 时刻后验杂波伪目标数估计
$N_{\Gamma,k}^{(0)}$	k 时刻杂波伪目标新生数估计
$p_{S,k}^{(0)}$	k 时刻杂波伪目标存在概率
$p_{D,k}^{(0)}$	k 时刻杂波伪目标检测概率
$\chi^{(\Xi)}$	检测概率状态空间
$\underline{\chi}$	增广状态空间
$\Omega(\cdot;s,t)$	贝塔分布
s,t	贝塔分布参数
$\tilde{\omega}_\Omega$	贝塔分布均值
σ_Ω^2	贝塔分布方差
$\bar{B}(s,t)$	贝塔函数
a	未知检测概率
Δ_Ω 调节参数	
d_k	k 时刻检测概率估计值
$\mathrm{Gam}(\alpha,\beta)$	伽马分布
$\mathrm{St}(\cdot;\mu,\Sigma,\upsilon)$	学生 t 分布
p_{mo}	量测噪声野值概率
p_{po}	过程噪声野值概率

附录 B 缩略语对照表

(按首次出现顺序排序)

缩略语	英文全称	中文对照
MTT	Multiple Target Tracking	多目标跟踪
STT	Single Target Tracking	单目标跟踪
NNDA	Nearest Neighbor Data Association	最近邻数据关联
GNNDA	Global Nearest Neighbor Data Association	全局最近邻数据关联
PDA	Probabilistic Data Association	概率数据关联
JPDA	Joint PDA	联合概率数据关联
MHT	Multiple Hypothesis Tracking	多假设跟踪
RFS	Random Finite Set	随机有限集
PHD	Probability Hypothesis Density	概率假设密度
CPHD	Cardinalized PHD	势概率假设密度
MeMBer	Multi-target Multi-Bernoulli	多目标多伯努利
CBMeMBer	Cardinality Balanced MeMBer	势均衡多目标多伯努利
GLMB	Generalized Labelled Multi-Bernoulli	广义标签多伯努利
MCMC	Markov Chain Monte Carlo	马尔科夫链蒙特卡洛
ATF	Automatic Track Formation	自动航迹形成
IPDA	Integrated PDA	综合概率数据关联
JIPDA	Joint IPDA	联合综合概率数据关联
HOMHT	Hypothesis-oriented MHT	假设导向多假设跟踪
TOMHT	Track-oriented MHT	航迹导向多假设跟踪
T-TOMHT	Tree Based TOMHT	树航迹导向多假设跟踪
NT-TOMHT	Non-tree Based TOMHT	非树航迹导向多假设跟踪
MDA	Multi-Dimensional Assignment	多维分配
PMHT	Probabilistic MHT	概率多假设跟踪

续表

缩略语	英文全称	中文对照
EM	Expectation Maximization	期望最大化
GM	Gaussian Mixture	高斯混合
SMC	Sequential Monte Carlo	序贯蒙特卡洛
AP-PHD	Auxiliary Particle PHD	辅助粒子概率假设密度
LC-CPHD	Linear-complexity CPHD	线性复杂势概率假设密度
LMB	Labelled Multi-Bernoulli	标签多伯努利
IMM	Interacting Multiple Model	交互多模型
MM	Multiple Model	多模型
VS-IMM	Variable-structure IMM	变结构交互多模型
JMS	Jump Markov System	跳变马尔科夫系统
LFT	Linear Fractional Transformation	分式线性变换
BFG	Best-Fitting Gaussian	最优高斯拟合
CV	Constant Velocity	匀速
CA	Constant Acceleration	匀加速
CT	Coordinated Turn	协调转弯
FMM	Finite Mixture Models	有限混合模型
KDMP	Kronecker Delta Mixture and Poisson	克罗内克混合泊松
IID	Independent and Identically Distributed	独立同分布
OSPA	Optimal Subpattern Assignment	最优子模式分配
EKF	Extended Kalman Filter	扩展卡尔曼滤波
UKF	Unscented Kalman Filter	无迹卡尔曼滤波
CDF	Cumulative Distribution Function	累积分布函数
APF	Auxiliary Particle Filter	辅助粒子滤波
DPE	Dynamic Parameter Estimation	动态参数估计
STM	Student t Mixture	学生 t 分布混合

参考文献

[1] SINGER R A, STEIN J J. An optimal tracking filter for processing sensor data of imprecisely determined orign in surveillance system[C]. The 10th IEEE Conference on Decision and Control, 1971: 171-175.

[2] SINGER R A, SEA R G. A new filter for optimal tracking in dense multitarget enviroment[C]. The 9th Allerton Conference Circuit and System Theory, 1971: 201-211.

[3] BAR-SHALOM Y, LI X R. Multitarget-multisensor tracking: principles and techniques [M]. Storrs, CT: University of Connecticut, 1995.

[4] BLACKMAN S and POPOLI R. Design and analysis of modern tracking systems[M]. New York: Artech House, 1999.

[5] BAR-SHALOM Y. Tracking and data association[M]. New York: Academic Press, 1988.

[6] BAR-SHALOM Y, TSE E. Tracking in a cluttered environment with probabilistic data association[J]. Automatica, 1975, 11(5): 451-460.

[7] BAR-SHALOM Y, WILLETT P K, TIAN X. Tracking and data fusion [M]. Storrs, CT: YBS publishing, 2011.

[8] FORTMANN T, BAR-SHALOM Y, SCHEFFE M. Sonar tracking of multiple targets using joint probabilistic data association[J]. IEEE journal of Oceanic Engineering, 1983, 8(3): 173-184.

[9] ROECKER J A, PHILLIS G L. Suboptimal joint probabilistic data association [J]. IEEE Transactions on Aerospace and Electronic

Systems, 1993, 29(2): 510 - 517.

[10] ROECKER J A. A class of near optimal JPDA algorithms[J]. IEEE Transactions on Aerospace and Electronic Systems, 1994, 30(2): 504 - 510.

[11] MASKELL S, BRIERS M, WRIGHT R. Fast mutual exclusion[C]. Signal and Data Processing of Small Targets. International Society for Optics and Photonics, 2004, 5428: 526 - 537.

[12] HORRIDGE P, MASKELL S. Real-time tracking of hundreds of targets with efficient exact JPDAF implementation[C]. The 9th International Conference on Information Fusion, IEEE, 2006: 1 - 8.

[13] BAUM M, WILLETT P, BAR-SHALOM Y, et al. Approximate calculation of marginal association probabilities using a hybrid data association model[C]. Signal and Data Processing of Small Targets. International Society for Optics and Photonics, 2014, 9092: 90920L.

[14] WILLIAMS J, LAU R. Approximate evaluation of marginal association probabilities with belief propagation[J]. IEEE Transactions on Aerospace and Electronic Systems, 2014, 50(4): 2942 - 2959.

[15] ROMEO K, CROUSE D F, BAR-SHALOM Y, et al. The JPDAF in practical systems: Approximations[C]. Signal and Data Processing of Small Targets. International Society for Optics and Photonics, 2010, 7698: 76981I.

[16] OH S, RUSSELL S, SASTRY S. Markov chain Monte Carlo data association for multi-target tracking[J]. IEEE Transactions on Automatic Control, 2009, 54(3): 481 - 497.

[17] BAR-SHALOM Y, CHANG K C, BLOM H A P. Automatic track formation in clutter with a recursive algorithm[C]. Proceedings of the 28th IEEE Conference on Decision and Control, IEEE, 1989: 1402 -1408.

[18] MUSICKI D, EVANS R, STANKOVIC S. Integrated probabilistic data association[J]. IEEE Transactions on Automatic Control, 1994, 39(6): 1237 - 1241.

[19] MUICKI D, EVANS R. Joint integrated probabilistic data association-JIPDA[C]//2002 5th International Conference on Information Fusion.

IEEE. 2009: 1120－1125.

[20] REID D. An algorithm for tracking multiple targets [J]. IEEE transactions on Automatic Control, 1979, 24(6): 843－854.

[22] BAR-SHALOM Y, WILLETT P K, TIAN X. Tracking and data fusion: a handbook of algorithms [M]. Storrs, CT, USA: YBS publishing, 2011.

[23] BLACKMAN S, POPOLI R. Design and Analysis of Modern Tracking Systems (Artech House Radar Library)[J]. Artech house, 1999.

[24] KURIEN T. Issues in the design of practical multitarget tracking algorithms [J]. Multitarget-multisensor tracking: advanced applications, 1990: 43－87.

[25] MALLICK M, CORALUPPI S, CARTHEL C. Multitarget tracking using multiple hypothesis tracking [J]. Integrated Tracking, Classification, and Sensor Management, 2013: 163－203.

[26] SATHYAN T, CHIN T J, ARULAMPALAM S, et al. A multiple hypothesis tracker for multitarget tracking with multiple simultaneous measurements [J]. IEEE Journal of Selected Topics in Signal Processing, 2013, 7(3): 448－460.

[27] SVENSSON D. Target tracking in complex scenarios[D]. Sweden: Chalmers University of Technology, 2010.

[28] CORALUPPI S, CARTHEL C, LUETTGEN M, et al. All-source track and identity fusion[R]. Alphatech INC Burlington MA, 2000.

[29] THARMARASA R, SUTHARSAN S, KIRUBARAJAN T, et al. Multiframe assignment tracker for MSTWG data [C]. 12th International Conference on Information Fusion, IEEE, 2009: 1837－1844.

[30] CORALUPPI S, CARTHEL C. Modified scoring in multiple-hypothesis tracking[J]. J. Adv. Inf. Fusion, 2012, 7(2): 153－164.

[31] BLACKMAN S S. Multiple hypothesis tracking for multiple target tracking[J]. IEEE Aerospace and Electronic Systems Magazine, 2004, 19(1): 5－18.

[32] DEB S, YEDDANAPUDI M, PATTIPATI K, et al. A generalized SD

assignment algorithm for multisensor-multitarget state estimation[J]. IEEE Transactions on Aerospace and Electronic Systems, 1997, 33 (2): 523 - 538.

[33] PATTIPATI K R, DEB S, BAR-SHALOM Y, et al. A new relaxation algorithm and passive sensor data association[J]. IEEE Transactions on Automatic Control, 1992, 37(2): 198 - 213.

[34] PATTIPATI K R. Survey of assignment techniques for multitarget tracking [J]. Multitarget-Multisensor Tracking: Applications and Advances, 2000: 77 - 159.

[35] STREIT R L, LUGINBUHL T E. Probabilistic multi-hypothesis tracking[R]. Naval Underwater Systems Center Newport RI, 1995.

[36] WILLETT P, RUAN Y, STREIT R. PMHT: Problems and some solutions [J]. IEEE Transactions on Aerospace and Electronic Systems, 2002, 38(3): 738 - 754.

[37] CROUSE D F, GUERRIERO M, WILLETT P. A critical look at the PMHT[J]. J. Adv. Inf. Fusion, 2009, 4(2): 93 - 116.

[38] RUAN Y, WILLETT P. The turbo PMHT[J]. IEEE Transactions on Aerospace and Electronic Systems, 2004, 40(4): 1388 - 1398.

[39] DAVEY S J, GRAY D A. Integrated track maintenance for the PMHT via the hysteresis model [J]. IEEE transactions on Aerospace and Electronic Systems, 2007, 43(1): 93 - 111.

[40] MAHLER R P S. Random-set approach to data fusion [C]. Proceedings of SPIE's International Symposium on Optical Engineering and Photonics in Aerospace Sensing, 1994: 287 - 295.

[41] MAHLER R P S. Statistical multisource-multitarget information fusion[M]. New York: Artech House, 2007.

[42] MAHLER R P S. Advances in statistical multisource-multitarget information fusion[M]. New York: Artech House, 2014.

[43] MAHLER R P S. Multitarget Bayes filtering via first-order multitarget moments [J]. IEEE Transactions on Aerospace and Electronic systems, 2003, 39(4): 1152 - 1178.

[44] MAHLER R P S. A theoretical foundation for the Stein - Winter

probability hypothesis density (PHD) multi-target tracking approach [C]. Proceedings of the MSS National Symposium on Sensor and Data Fusion, 2000: 99 - 118.

[45] SINGH S S, VO B N, BADDELEY A, et al. Filters for spatial point processes[J]. SIAM Journal on Control and Optimization, 2009, 48 (4): 2275 - 2295.

[46] ERDINC O, WILLETT P, BAR-SHALOM Y. The bin-occupancy filter and its connection to the PHD filters[J]. IEEE Transactions on Signal Processing, 2009, 57(11): 4232 - 4246.

[47] VO B N, MA W K. The Gaussian mixture probability hypothesis density filter[J]. IEEE Transactions on signal processing, 2006, 54(11): 4091 - 4104.

[48] VO B N, SINGH S, DOUCET A. Sequential Monte Carlo methods for multitarget filtering with random finite sets[J]. IEEE Transactions on Aerospace and electronic systems, 2005, 41(4): 1224 -1245.

[49] WHITELEY N, SINGH S, GODSILL S. Auxiliary particle implementation of probability hypothesis density filter [J]. IEEE Transactions on Aerospace and Electronic Systems, 2010, 46(3): 1437 - 1454.

[50] MAHLER R P S. PHD filters of higher order in target number[J]. IEEE Transactions on Aerospace and Electronic Systems, 2007, 43 (4): 1523 -1543.

[51] VO B T, VO B N, CANTONI A. Analytic implementations of the cardinalized probability hypothesis density filter [J]. IEEE Transactions on Signal Processing, 2007, 55(7): 3553 -3567.

[52] CLARK D, VO B T, VO B N. Gaussian particle implementations of probability hypothesis density filters [C]. Proceedings of the 2007 IEEE Aerospace Conference, 2007: 1 -11.

[53] MAHLER R P S. Linear-complexity CPHD filters[C]. Proceedings of the 13th International Conference on Information Fusion, 2010: 1 -8.

[54] RISTIC B, VO B T, VO B N, et al. A tutorial on Bernoulli filters: theory, implementation and applications[J]. IEEE Transactions on

SignalProcessing, 2013, 61(13): 3406-3430.

[55] VO B T, VO B N, CANTONI A. The cardinality balanced multi-target multi-Bernoulli filter and its implementations[J]. IEEE Transactions on Signal Processing, 2009, 57(2): 409-423.

[56] VO B T. Random finite sets in multi-object filtering[D]. Australia: The University of Western Australia, 2008.

[57] LIAN F, LI C, HAN C Z, et al. Convergence analysis for the SMC-Me-MBer and SMC-CBMeMBer filters[J/OL]. Journal of Applied Mathematics, 2012. doi:10.1155/2012/584140.

[58] OUYANG C, JI H B, LI C. Improved multi-target multi-Bernoulli filter[J]. IET Radar, Sonar & Navigation, 2012, 6(6): 458-464.

[59] VO B T, VO B N. Labeled random finite sets and multi-object conjugate priors[J]. IEEE Transactions on Signal Processing, 2013, 61(13): 3460-3475.

[60] VO B N, VO B T, PHUNG D. Labeled random finite sets and the Bayes multi-target tracking filter[J]. IEEE Transactions on Signal Processing, 2014, 62(24): 6554-6567.

[61] REUTER S, VO B T, VO B N, et al. The labeled multi-Bernoulli filter [J]. IEEE Transactions on SignalProcessing, 2014, 62(12): 3246-3260.

[62] VO B N, VO B T, HOANG H G. An efficient implementation of the generalized labeled multi-Bernoulli filter[J]. IEEE Transactions on Signal Processing, 2017, 65(8): 1975-1987.

[63] MAHLER R P S. "Statistics 101" formultisensor, multitarget data fusion[J]. IEEE Aerospace and Electronic Systems Magazine, 2004, 19(1): 53-64.

[64] MAHLER R P S. PHD filters for nonstandard targets, I: Extended targets[C]. The 12th International Conference on Information Fusion, IEEE, 2009: 915-921.

[65] MAHLER R P S. "Statistics 103" for Multitarget Tracking[J]. Sensors, 2019, 19(1): 202.

[66] MAHLER R P S. A fast labeled multi-Bernoulli filter forsuperpositional sensors[C]. Signal Processing, Sensor/Information

Fusion, and Target Recognition XXVII. International Society for Optics and Photonics, 2018, 10646: 106460E.

[67] MAHLER R P S. A generalized labeled multi-Bernoulli filter for correlated multitarget systems [C]. Signal Processing, Sensor/Information Fusion, and Target Recognition XXVII. International Society for Optics and Photonics, 2018, 10646: 106460C.

[68] BAR-SHALOM Y, LI X R, KIRUBARAJAN T. Estimation with applications to tracking and navigation: theory algorithms and software [M]. John Wiley & Sons, 2004.

[69] BAR-SHALOM Y, LI X R. Multitarget-multisensor tracking: principles and techniques[M]. Storrs, CT: YBs, 1995.

[70] LI X R, ZHU Y, WANG J, et al. Optimal linear estimation fusion—part Ⅰ: Unified fusion rules[J]. IEEE Transactions on Information Theory, 2003, 49(9): 2192 -2208.

[71] ZHANG Y, LI X R. Detection and diagnosis of sensor and actuator failures using IMM estimator[J]. IEEE Transactions on aerospace and electronic systems, 1998, 34(4): 1293 -1313.

[72] ZHANG L, LAN J, LI X R. Performance evaluation of joint tracking and classification [J]. IEEE Transactions on Systems, Man, and Cybernetics: Systems, 2019.

[73] KIM D Y, VO B N, VO B T, et al. A Labeled random finite set online multi-object tracker for video data[J]. Pattern Recognition, 2019.

[74] BEARD M, VO B T, VO B N. Performance evaluation for large-scale multi-target tracking algorithms [C]. The 21st International Conference on Information Fusion (FUSION), IEEE, 2018: 1 -5.

[75] VO B T, VO B N. Multi-scan generalized labeled multi-Bernoulli filter [C]. The 21st International Conference on Information Fusion (FUSION), IEEE, 2018: 195 -202.

[76] FANTACCI C, VO B N, VO B T, et al. Robust fusion formultisensor multiobject tracking[J]. IEEE Signal Processing Letters, 2018, 25 (5): 640 -644.

[77] BEARD M, VO B T, VO B N, et al. Void probabilities and Cauchy -

Schwarz divergence for generalized labeled multi-bernoulli models[J]. IEEE Transactions on Signal Processing, 2017, 65(19): 5047 -5061.

[78] BEARD M, VO B T, VO B N. OSPA (2): Using the OSPA metric to evaluate multi-target tracking performance [C]. International Conference on Control, Automation and Information Sciences (ICCAIS), IEEE, 2017: 86 -91.

[79] KIM D Y, VO B T, NORDHOLM S. Multiple speaker tracking with the GLMB filter[C]. International Conference on Control, Automation and Information Sciences (ICCAIS), IEEE, 2017: 38 -43.

[80] VO B N, VO B T. An implementation of the multi-sensor generalized labeled multi-Bernoulli filter via Gibbs sampling [C]. The 20th International Conference on Information Fusion (Fusion), IEEE, 2017: 1 -8.

[81] FRÖHLE M, GRANSTRÖM K, WYMEERSCH H. Multiple target tracking with uncertain sensor state applied to autonomous vehicle data [C]. IEEE Statistical Signal Processing Workshop (SSP), 2018: 628 -632.

[82] GRANSTRÖM K, SVENSSON L, XIA Y, et al. Poisson multi-Bernoulli mixture trackers: continuity through random finite sets of trajectories[C]. The 21st International Conference on Information Fusion (FUSION), IEEE, 2018: 1 -5.

[83] XIA Y, GRANSTRÖM K, SVENSSON L, et al. An implementation of the Poisson multi-Bernoulli mixture trajectory filter via dual decomposition[C]. The 21st International Conference on Information Fusion (FUSION), IEEE, 2018: 1 -8.

[84] GARCÍA-FERNÁNDEZ Á F, WILLIAMS J L, GRANSTRÖM K, et al. Poisson multi-Bernoulli mixture filter: direct derivation and implementation[J]. IEEE Transactions on Aerospace and Electronic Systems, 2018, 54(4): 1883 -1901.

[85] LU Q, BAR-SHALOM Y, WILLETT P, et al. Tracking initially unresolved thrusting objects using an optical sensor [J]. IEEE Transactions on Aerospace and Electronic Systems, 2018, 54(2): 794 -

807.
[86] XIA Y, GRANSTRCOM K, SVENSSON L, et al. Performance evaluation of multi-Bernoulli conjugate priors for multi-target filtering [C]. The 20th International Conference on Information Fusion (Fusion), IEEE, 2017: 1-8.
[87] VIVONE G, BRACA P, GRANSTRÖM K, et al. Converted measurements bayesian extended target tracking applied to X-band marine radar data [J]. Journal of Advances in Information Fusion, 2016.
[88] VIVONE G, GRANSTRÖM K, BRACA P, et al. Multiple sensor measurement updates for the extended target tracking random matrix model[J]. IEEE Transactions on Aerospace and Electronic Systems, 2017, 53(5): 2544-2558.
[89] FATEMI M, GRANSTRÖM K, SVENSSON L, et al. Poisson multi-Bernoulli mapping using Gibbs sampling[J]. IEEE Transactions on Signal Processing, 2017, 65(11): 2814-2827.
[90] WU J J, HU S Q. The probability hypothesis density filter based multi-target visual tracking[C]. Proceedings of the 29th Chinese Control Conference, 2010: 2905-2909.
[91] WU J J, HU S Q. PHD filter for multi-target visual tracking with trajectory recognition [C]. Proceedings of 13th Conference on Information Fusion, 2010: 1-6.
[92] 张铁栋，万磊，王博，等. 基于改进粒子滤波算法的水下目标跟踪[J]. 上海交通大学学报，2012，46(6)：38-43.
[93] XU B L, LU M L, REN Y Y, et al. Multi-task ant system for multi-object parameter estimation and its application in cell tracking[J]. Applied Soft Computing, 2015, 35: 449-469.
[94] 杨峰，王永齐，梁彦，等. 基于概率假设密度滤波方法的多目标跟踪技术综述[J]. 自动化学报，2013，39(11)：1944-1956.
[95] 杨威，付耀文，龙建乾，等. 基于有限集统计学理论的目标跟踪技术研究综述[J]. 电子学报，2012，40(7)：1440-1448.
[96] 赵欣. 基于随机集理论的被动多传感器多目标跟踪技术[D]. 西安：西

安电子科技大学，2009.
[97] 张婷婷. 基于粒子滤波的机动目标跟踪方法研究[D]. 西安：西安电子科技大学，2009.
[98] 高小东. 基于概率假设密度粒子滤波的被动多目标跟踪方法研究[D]. 西安：西安电子科技大学，2009.
[99] 刘娟丽. 基于交互多模型的被动多传感器机动目标跟踪算法研究[D]. 西安：西安电子科技大学，2010.
[100] 田野. 被动多传感器量测数据关联方法研究[D]. 西安：西安电子科技大学，2011.
[101] 蔡绍晓. 基于粒子滤波的被动传感器多目标跟踪算法研究[D]. 西安：西安电子科技大学，2011.
[102] 杨金龙. 被动多传感器目标跟踪及航迹维持算法研究[D]. 西安：西安电子科技大学，2012.
[103] 邹其兵. 多伯努利滤波器及其在检测前跟中的应用[D]. 西安：西安电子科技大学，2012.
[104] 欧阳成. 基于随机集理论的被动多传感器多目标跟踪[D]. 西安：西安电子科技大学，2012.
[105] 张俊根. 粒子滤波及其在目标跟踪中的应用研究[D]. 西安：西安电子科技大学，2011.
[106] 张永权. 随机有限集扩展目标跟踪算法研究[D]. 西安：西安电子科技大学，2014.
[107] 郭辉. 基于非线性滤波的目标跟踪算法研究[D]. 西安：西安电子科技大学，2010.
[108] 刘龙. 概率假设密度多传感器多目标跟踪算法研究[D]. 西安：西安电子科技大学，2016.
[109] 胡琪. 基于随机矩阵的扩展目标跟踪算法研究[D]. 西安：西安电子科技大学，2018.
[110] 连峰. 基于随机有限集的多目标跟踪方法研究[D]. 西安：西安交通大学，2009.
[111] 罗少华. 基于随机集的被动多传感器目标跟踪方法研究[D]. 长沙：国防科学技术大学，2013.
[112] 徐洋. 基于随机有限集理论的多目标跟踪技术研究[D]. 长沙：国防科

学技术大学，2012.
[113] 张洪建. 基于有限集统计学的多目标跟踪算法研究[D]. 上海：上海交通大学，2009.
[114] 吴静静. 基于随机有限集的视频目标跟踪算法研究[D]. 上海：上海交通大学，2012.
[115] OUYANG C，JI H B，TIAN Y. Improved Gaussian mixture CPHD tracker for multitarget tracking[J]. IEEE Transactions on Aerospace and Electronic Systems，2013，49(2)：1177-1191.
[116] OUYANG C，JI H B. Modified cost function for passive sensor data association[J]. Electronics letters，2011，47(6)：383-385.
[117] OUYANG C，JI H B，LI C. Improved multi-target multi-Bernoulli filter[J]. IET Radar，Sonar & Navigation，2012，6(6)：458-464.
[118] OUYANG C，JI H B. Weight over-estimation problem in GMP-PHD filter[J]. Electronics letters，2011，47(2)：139-141.
[119] YANG J L，JI H B. A novel track maintenance algorithm for PHD/CPHD filter[J]. Signal Processing，2012，92(10)：2371-2380.
[120] 杨万海. 多传感器数据融合及应用[M]. 西安：西安电子科技大学出版社，2004.
[121] 党建武. 水下多目标跟踪理论[M]. 西安：西北工业大学出版社，2009.
[122] 敬忠良. 神经网络跟踪理论及应用[M]. 北京：国防工业出版社，1996.
[123] 康耀红. 数据融合理论与应用[M]. 西安：西安电子科技大学出版社，1997.
[124] 何友，修建娟，张晶炜，等. 雷达数据处理及应用[M]. 北京：电子工业出版社，2009.
[125] 潘泉，梁彦，杨峰，等. 现代目标跟踪与信息融合[M]. 北京：国防工业出版社，2009.
[126] 权太范. 目标跟踪新理论与技术[M]. 北京：国防工业出版社，2006.
[127] 韩崇昭. 随机系统概论分析、估计与控制[M]. 北京：清华大学出版社，2014.
[128] 刘妹琴，兰剑. 目标跟踪前沿理论与应用[M]. 北京：科学出版

社，2016.

[129] 刘同明，夏祖勋，解洪成. 数据融合技术及应用[M]. 北京：国防工业出版社，1998.

[130] YANG W，FU Y W，LI J Q，et al. Random finite sets-based joint manoeuvring target detection and tracking filter and its implementation[J]. IET signal processing，2012，6(7)：648 -660.

[131] ZHANG H，GE H，YANG J. Improved Gaussian mixture PHD for close multi-target tracking[C]. Proceedings of 7th Joint International Information Technology and Artificial Intelligence Conference，2014：311 -315.

[132] YANG J L，JI H B，GE H W. Multi-model particle cardinality-balanced multi-target multi-Bernoulli algorithm for multiplemanoeuvring target tracking [J]. IET Radar，Sonar & Navigation，2013，7(2)：101 -112.

[133] YANG J L，JI H B，FAN Z H. Probability hypothesis density filter based on strong tracking MIE for multiple maneuvering target tracking [J]. International Journal of Control，Automation and Systems，2013，11(2)：306 -316.

[134] GILKS W R，BERZUINI C. Following a moving target-Monte Carlo inference for dynamic Bayesian models [J]. Journal of the Royal Statistical Society：Series B，2001，63(1)：127 -146.

[135] LUNDGREN M，SVENSSON L，HAMMARSTRAND L. A CPHD filter for tracking with spawning models[J]. IEEE Journal of Selected Topics in Signal Processing，2013，7(3)：496 -507.

[136] BRYANT D S，DELANDE E D，GEHLY S，et al. Spawning Models for the CPHD Filter[J/OL] arXiv:1507.00033v1，2015，1 - 11.

[137] JING P L，ZOU J W，DUAN Y，et al. Generalized CPHD filter modeling spawning targets[J]. Signal Processing，2016，128：48 -56.

[138] ULMKE M，FRANKEN D，and SCHMIDT M. Missed detection problems in the cardinalized probability hypothesis density filter[C]. Proceedings of 11th International Conference on Information Fusion，2008：1 -7.

[139] 吴鑫辉，黄高明，高俊. 未知探测概率下多目标 PHD 跟踪算法[J]. 控制与决策，2014，29(1)：57-63.

[140] MAHLER R P S，VO B T. An improved CPHD filter for unknown clutter backgrounds[C]. Proceedings of the 2014 SPIE Conference on Signal Processing，Sensor Fusion and Target Recognition，2014：90910B-90910B-12.

[141] MAHLER R P S. CPHD filters for unknown clutter and target-birth processes[C]. Proceedings of 2014 SPIE Conference on Signal Processing，Sensor Fusion and Target Recognition，2014：90910C-90910C-12.

[142] ZHENG X，SONG L. Improved CPHD filtering with unknown clutter rate[C]. Proceedings of 10th World Congress on Intelligent Control and Automation，2012：4326-4331.

[143] 胡子军，张林让，张鹏，等. 基于高斯混合带势概率假设密度滤波器的未知杂波下多机动目标跟踪算法[J]. 电子与信息学报，2015，37(1)：116-122.

[144] MA L，WANG P，XUE K，et al. Robust GMPHD filter with adaptive target birth[C]. Proceedings of International Conference on Control，Automation and Information Sciences，2014：19-23.

[145] 李翠芸，江舟，姬红兵，等. 基于拟蒙特卡罗的未知杂波 GMP-PHD 滤波器[J]. 控制与决策，2014，29(11)：1997-2001.

[146] 秦岭，黄心汉. 自适应目标新生强度的 SMC-PHD/CPHD 滤波[J]. 控制与决策，2016，31(8).

[147] 瑚成祥，刘贵喜，董亮，等. 区域杂波估计的多目标跟踪方法[J]. 航空学报，2014，35(4)：1091-1101.

[148] BEARD M，VO B T，VO B N，et al. A partially uniform target birth model for Gaussian mixture PHD/CPHD filtering[J]. IEEE Transactions on Aerospace and Electronic Systems，2013，49(4)：2835-2844.

[149] HOUSSINEAU J，LANEUVILLE D. PHD filter with diffuse spatial prior on the birth process with applications to GM-PHD filter[C]. Proceedings of 13th International Conference on Information Fusion，

2010：1 -8.

[150] SI W J, WANG L W, QU Z Y. A measurement-driven adaptive probability hypothesis density filter for multitarget tracking[J]. Chinese Journal of Aeronautics, 2015, 28(6)：1689 -1698.

[151] ZHU Y, ZHOU S, ZOU H, et al. Probability hypothesis density filter with adaptive estimation of target birth intensity[J]. IET Radar, Sonar & Navigation, 2016, 10(5)：901 -911.

[152] SARKKA S, NUMMENMAA A. Recursive noise adaptive Kalman filtering by variational Bayesian approximations [J]. IEEE Transactions on Automatic Control, 2009, 54(3)：596 -600.

[153] YANG J L, GE H W. Adaptive probability hypothesis density filter based on variational Bayesian approximation for multi-target tracking [J]. IET Radar, Sonar & Navigation, 2013, 7(9)：959 -967.

[154] YANG J L, GE H W. An improved multi-target tracking algorithm based on CBMeMBer filter and variational Bayesian approximation[J]. Signal Processing, 2013, 93(9)：2510 -2515.

[155] ZHANG G, LIAN F, HAN C Z, et al. An improved PHD filter based on variational Bayesian method for multi-target tracking[C]. Proceedings of 17th International Conference on Information Fusion, 2014：1 -6.

[156] 吴鑫辉，黄高明，高俊. 未知噪声统计下多模型概率假设密度粒子滤波算法[J]. 控制与决策，2014，29(2)：475 -480.

[157] LI W L, JIA Y M, DU J P, et al. PHD filter for multi-target tracking by variational Bayesian approximation[C]. Proceedings of 52nd IEEE Conference on Decision and Control, 2013：7815 -7820.

[158] 沈忱，徐定杰，沈锋，等. 基于变分推断的一般噪声自适应卡尔曼滤波[J]. 系统工程与电子技术，2014，36(8)：1466 -1472.

[159] WU X H, HUANG G M, GAO J. Adaptive noise variance identification for probability hypothesis density-based multi-target filter by variational Bayesian approximations[J]. IET Radar, Sonar & Navigation, 2013, 7(8)：895 -903.

[160] RISTIC B, CLARK D, VO B N, et al. Adaptive target birth intensity

for PHD and CPHD filters[J]. IEEE Transactions on Aerospace and Electronic Systems, 2012, 48(2): 1656-1668.

[161] REUTER S, MEISSNER D, WILKING B, et al. Cardinality balanced multi-target multi-Bernoulli filtering using adaptive birth distributions[C]. Proceedings of the 16th International Conference on Information Fusion, IEEE, 2013: 1608-1615.

[162] LIN S, VO B T, NORDHOLM S E. Measurement driven birth model for the generalized labeled multi-Bernoulli filter[C]. International Conference on Control, Automation and Information Sciences (ICCAIS), IEEE, 2016: 94-99.

[163] CHOI M E, SEO S W. Robust multitarget tracking scheme based on Gaussian mixture probability hypothesis density filter[J]. IEEE Transactions on Vehicular Technology, 2016, 65(6): 4217-4229.

[164] CHOI B, PARK S, KIM E. A newborn track detection and state estimation algorithm using Bernoulli random finite sets[J]. IEEE Transactions on Signal Processing, 2016, 64(10): 2660-2674.

[165] BEARD M, VO B T, VO B N, et al. Gaussian mixture PHD and CPHD filtering with partially uniform target birth[C]. The 15th International Conference on Information Fusion, IEEE, 2012: 535-541.

[166] MAZOR E, AVERBUCH A, BAR-SHALOM Y, et al. Interacting multiple model methods in target tracking: a survey[J]. IEEE Transactions on aerospace and electronic systems, 1998, 34(1): 103-123.

[167] LI X R, BAR-SHALOM Y, BLAIR W D. Engineer′s guide to variable-structure multiple-model estimation for tracking [J]. Multitarget-multisensor tracking: Applications and advances, 2000, 3: 499-567.

[168] MAHLER R P S. On multitarget jump-Markov filters[C]. The 15th International Conference on Information Fusion, IEEE, 2012: 149-156.

[169] PUNITHAKUMAR K, KIRUBARAJAN T, SINHA A. Multiple-

model probability hypothesis density filter for tracking maneuvering targets[J]. IEEE Transactions on Aerospace and Electronic Systems, 2008, 44(1): 87 -98.

[170] PASHA S A, VO B N, TUAN H D, et al. A Gaussian mixture PHD filter for jump Markov system models[J]. IEEE Transactions on Aerospace and Electronic systems, 2009, 45(3): 919 -936.

[171] GEORGESCU R, WILLETT P. The multiple model CPHD tracker [J]. IEEE Transactions on Signal Processing, 2012, 60(4): 1741 -1751.

[172] DUNNE D, KIRUBARAJAN T. Multiple model multi-Bernoulli filters for manoeuvering targets[J]. IEEE Transactions on Aerospace and Electronic Systems, 2013, 49(4): 2679 -2692.

[173] YUAN X H, LIAN F, HAN C Z. Multiple-model cardinality balanced multitarget multi-Bernoulli filter for tracking maneuvering targets[J]. Journal of Applied Mathematics, 2013.

[174] REUTER S, SCHEEL A, DIETMAYER K. The multiplemodel labeled multi-Bernoulli filter[C]. The 18th International Conference on Information Fusion (Fusion), IEEE, 2015: 1574 -1580.

[175] PUNCHIHEWA Y, VO B N, VO B T. A generalized labeled multi-bernoulli filter for maneuvering targets[C]. The 19th International Conference on Information Fusion (FUSION), IEEE, 2016: 980 -986.

[176] PUNCHIHEWA Y. Efficient generalized labeled multi-bernoulli filter for jump Markov system[C]. International Conference on Control, Automation and Information Sciences (ICCAIS), IEEE, 2017: 221 -226.

[177] PASHA S A, TUAN H D, APKARIAN P. The LFT based PHD filter for nonlinear jump Markov models in multi-target tracking[C]. Proceedings of the 48h IEEE Conference on Decision and Control (CDC) held jointly with the 28th Chinese Control Conference, IEEE, 2009: 5478 -5483.

[178] LI W L, JIA Y M. Gaussian mixture PHD filter for jump Markov models based on best-fitting Gaussian approximation[J]. Signal

Processing, 2011, 91(4): 1036 -1042.

[179] OUYANG C, JI H B, GUO Z. Extensions of the SMC -PHD filters for jump Markov systems[J]. Signal Processing, 2012, 92(6): 1422 -1430.

[180] MAHLER R P S, Vo B T, Vo B N. CPHD filtering with unknown clutter rate and detection profile[J]. IEEE Transactions on Signal Processing, 2011, 59(8): 3497 -3513.

[181] BEARD M, VO B T, VO B N. Multitarget filtering with unknown clutter density using a bootstrap GMCPHD filter[J]. IEEE Signal Processing Letters, 2013, 20(4): 323 -326.

[182] LIAN F, HAN C Z, LIU W F. Estimating unknown clutter intensity for PHD filter[J]. IEEE Transactions on Aerospace and Electronic Systems, 2010, 46(4): 2066 -2078.

[183] PUNCHIHEWA Y G, VO B T, VO B N, et al. Multiple object tracking in unknown backgrounds with labeled random finite sets[J]. IEEE Transactions on Signal Processing, 2018, 66(11): 3040 -3055.

[184] CORREA J, ADAMS M. Estimating detection statistics within a Bayes -closed multi-object filter[C]. The 19th International Conference on Information Fusion (FUSION), IEEE, 2016: 811 -819.

[185] LI W L, JIA Y M, DU J P, et al. PHD filter for multi-target tracking with glint noise[J]. Signal Processing, 2014, (94): 48 -56.

[186] LIU Z W, CHEN S X, WU H, et al. A Student's t mixture probability hypothesis density filter for multi-target tracking with outliers[J]. Sensors, 2018, 18(4): 1095.

[187] MATHERON G. Random sets and integralgeometry[M]. Wiley series in Probability and Mathematical Statistics, New York: Wiley, 1975.

[188] HOFFMAN J R, MAHLER R P S. Multitarget miss distance via optimal assignment[J]. IEEE Transactions on Systems, Man, and Cybernetics-Part A: Systems and Humans, 2004, 34(3): 327 -336.

[189] HUTTENLOCHER D P, KLANDERMAN G A, RUCKLIDGE W J. Comparing images using the Hausdorff distance [J]. IEEE

Transactions on pattern analysis and machine intelligence, 1993, 15(9): 850 -863.

[190] SCHUHMACHER D, VO B T, VO B N. A consistent metric for performance evaluation of multi-object filters[J]. IEEE Transactions on Signal Processing, 2008, 56(8): 3447 -3457.

[191] ANDERSON B D O, MOORE J B. Optimal filtering[M]. Prentice Hall, 1979.

[192] JAZWINSKI A H. Stochastic processes and filtering theory[M]. Academic Press, 1970.

[193] JULIER S, UHLMANN J, DURRANT - WHYTE H F. A new method for the nonlinear transformation of means and covariances in filters and estimators[J]. IEEE Transactions on automatic control, 2000, 45(3): 477 -482.

[194] JULIER S J, UHLMANN J K. Unscented filtering and nonlinear estimation[J]. Proceedings of the IEEE, 2004, 92(3): 401 -422.

[195] TOBIAS M, LANTERMAN A D. Probability hypothesis density-based multitarget tracking with bistatic range and Doppler observations[J]. IEEE Proceedings-Radar, Sonar and Navigation, 2005, 152(3): 195 -205.

[196] RISTIC B, CLARK D, VO B N. Improved SMC implementation of the PHD filter[C]. The 13th International Conference on Information Fusion, IEEE, 2010: 1 -8.

[197] LIU J, WEST M. Combined parameter and state estimation in simulation-based filtering[M]. Sequential Monte Carlo methods in practice. New York: Springer, 2001: 197 -223.

[198] PITT M K, SHEPHARD N. Filtering via simulation: Auxiliary particle filters[J]. Journal of the American statistical association, 1999, 94(446): 590 -599.

[199] ROTH M, ÖZKAN E, GUSTAFSSON F. A Student's t filter for heavy tailed process and measurement noise[C]. IEEE International Conference on Acoustics, Speech and Signal Processing, 2013: 5770 -5774.

[200] HUANG Y L, ZHANG Y G, LI N, et al. A novel robust Student's t-Based Kalman filter[J]. IEEE Transactions on Aerospace and Electronic Systems, 2017, 53(3): 1545-1554.

[201] HUANG Y L, ZHANG Y G, XU B, et al. A new outlier-robust Student's t-Based Gaussian approximate filter for cooperative localization[J]. IEEE/ASME Transactions on Mechatronics, 2017, 22(5): 2380-2386.

[202] HUANG Y L, ZHANG Y G, LI N, et al. A robust Gaussian approximate fixed-interval smoother for nonlinear systems with heavy-tailed process and measurement noises[J]. IEEE Signal Processing Letters, 2016, 23(4): 468-472.

[203] HUANG Y L, ZHANG Y G, SHI P, et al. Robust Kalman filters based on Gaussian scale mixture distributions with application to target tracking[J]. IEEE Transactions on Systems, Man, and Cybernetics: Systems, 2017 (99): 1-15.

[204] ROTH M . On the multivariate t distribution[M]. Linköping University Electronic Press, 2012.

[205] HUANG Y L, ZHANG Y G, LI N, et al. Robust Student's t based nonlinear filter and smoother[J]. IEEE Transactions on Aerospace and Electronic Systems, 2016, 52(5): 2586-2596.